全国高等院校产品设计专业规划教材

产品系统设计

Products Design

吴琼 著

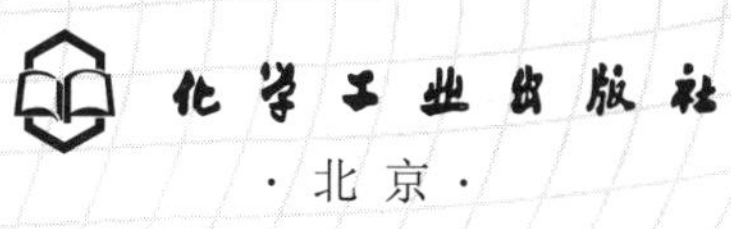

·北京·

本书具体分为产品系统设计理论概述、产品系统设计流程详解两大部分内容，并附有一个综合的案例。产品系统设计理论概述部分简要介绍工业设计基本理论的指导意义和核心内容。产品系统设计流程详解部分借助实际案例，详述产品设计过程中的基本知识和必要技能，重点突出其示范性和可操作性。附录的综合案例是一个完整的真实案例，展示了一个产品系统设计的全流程。

本书可以作为工业设计和产品设计专业产品设计课程的师生教学用书，亦可以作为工业设计从业人员的参考资料。

图书在版编目（CIP）数据

产品系统设计／吴琼著. —北京：化学工业出版社，2019.8 （2024.9重印）
全国高等院校产品设计专业规划教材
ISBN 978-7-122-34415-1

Ⅰ.①产… Ⅱ.①吴… Ⅲ.①产品设计－系统设计－高等学校－教材 Ⅳ.①TB472

中国版本图书馆CIP数据核字（2019）第082358号

责任编辑：李彦玲　　美术编辑：王晓宇
责任校对：王鹏飞　　装帧设计：芊晨文化

出版发行：化学工业出版社（北京市东城区青年湖南街13号　邮政编码100011）
印　　装：河北延风印务有限公司
787mm×1092mm　1/16　印张9　字数250千字　2024年9月北京第1版第6次印刷

购书咨询：010-64518888　　售后服务：010-64518899
网　　址：http://www.cip.com.cn
凡购买本书，如有缺损质量问题，本社销售中心负责调换。

定　　价：35.00元

PREFACE 前言

人类最初造物是为了实用和精神的需要，产品体现朴素的人文价值。随着生产过剩，出现了贸易活动，产品成为商品。人类造物除人文价值之外，还有一个重要的目的是经济价值。在农耕时代，恬静的田园生活环境下，人类造物基本能自然地保持人文价值与经济价值的完好结合。19世纪末的第二次工业革命后，批量生产的现代化大工业和激烈的市场竞争促使社会分工愈来愈细，产品的概念渐渐泛化，变得很模糊；传统产品设计的方法不再适用。工业设计概念应运而生，它继承了传统手工艺设计“以产品使用功能为目的”的基本设计理念，以技术和产品功能为主体，围绕单个产品的造型和装饰进行艺术设计。这是社会分工的结果，是对产品内部系统的整合。世界经济以前所未有的高速度向前发展，两百多年来创造的财富超过以往社会财富的总和。但是，大工业生产也不可避免地带来环境恶化、传统文化衰退、人类个性丧失和感性迟钝等一系列问题。工业设计研究已从人与物的关系，扩展到产品与环境、需求与文化的关系。工业设计逐渐从产品内系统走向外系统，整合产品内外系统各种资源，由单纯的产品造型设计兼顾产品概念设计，步入创造产品人文价值和经济价值双重目的——科学与文化、现代与传统共生的全新阶段。

本书以产品工程内系统设计为主干，在各环节有机地穿插与产品外系统交叉的知识和技能。按照中国现代工业设计产业对人才的实际需求，本书主体分产品系统设计理论概述、产品系统设计流程详解和综合案例三大部分。产品系统设计流程详解主要讲述产品概念设计和产品造型设计，借助实际案例逐项细述具体的运行技能。因为社会分工，商品促销设计已由视觉传达设计专业人才承担，本书不涉及商品化设计。该书遵循产品系统设计理论规范，不再罗列各设计环节涉及的基础理论和方法，重点突出教材的示范性和可操作性。

产品设计课程建议4～6个学分、64～96个课时。作为以实践为主的课程教学，建议学生分成若干课题组，每个课题组由5～6名学生组成；各课题组选择现有的产品作为课题研究对象，购买一个现成商品，展开设计研究和实践。老师可以参考第一部分基础理论和第二部分各章节具体工作内容和方法组织课件，4～8个课时内扼要介绍产品系统设计理论、程序、方法和设计任务要求；根据产品系统设计具体流程，规划教学进程。在课堂中，老师采用“个别指导、集中讲评”的方式，指导学生学习和实践；学生在老师指导下，参照第二部分各章节典型案例展开设计实践。老师根据各小组课题完成质量，给定综合得分，由各小组成员商议每个成员的具体得分（占学生个人成绩的50%，体现团队协作精神）；老师根据各小组分工情况，考核每一个学生分工任务完成质量，给定得分（占学生成绩个人的50%，体现个人创新能力）。

本书是本人从事工业设计教学、实践和科研近三十年经验和教训的总结，其中所有案例都是本人及学生的习作。感谢同学们对我教学与科研工作的积极支持！面对蓬勃发展的工业设计产业，个人学习和进步明显不足，论述不当和欠缺之处在所难免，请专家、同人和广大读者批评指正，以便不断完善、惠及莘莘学子。

2019年4月于南京工业大学亚青村寓所

CONTENTS 目录

Chapter

01 产品系统设计理论概述

Chapter

02 产品系统设计流程详解

第四章 产品调研

第五章 产品方案设计

第六章 产品结构设计

第七章 产品标识与色彩设计

附
综合案例——儿童餐椅设计

Chapter 01

产品系统设计理论概述

第一章　系统与产品系统

一、系统的基本概念

系统是外来语，是英文“system”意译，来源于古希腊语，是由部分组成整体的意思。一切相互影响或联系的事物（物体、法则、事件等）的集合都可被视为系统。一个完整的系统由元素、结构和功能三个要素组成（图1-1）。构成系统的事物称为系统的元素，元素间相对稳定有序的联系方式称为系统的结构，元素间通过有机结构产生的综合效果称为系统的功能。系统中的各个构成元素是相互作用、相互依存的。无关事物的总和不能算作系统。

元素 + 结构 + 功能 = 系统

图1-1　系统的组成

系统论作为一门科学的理论学说，则是由美籍奥地利生物学家贝塔朗菲于19世纪50年代创立的。系统论的核心思想是系统的整体观念。贝塔朗菲强调，任何系统都是一个有机的整体，它不是各个部分的机械组合中简单相加，系统的整体功能是各要素在孤立状态下所没有的新质。“整体大于部分之和”（亚里士多德）。如今系统学说由19世纪以来的系统论、控制论、信息论、耗散结构理论、协同学、复杂巨系统、突变论、混沌科学以及其他组织理论融合演变而成。

二、系统的特性

① 系统的相对性。从层次的观点看，一个系统可以包含若干子系统，子系统也可以再包含若干更小的子系统……关键在于看待事物的角度。

② 系统的有序性。任何系统都是由元素按照一定的规律有序地构成自身结构特征的。

③ 系统的整体性。元素在时间和空间上的有序性，使系统结构内部诸元素相互联系和相互作用，形成了一个有机的整体。它使各元素失去孤立存在的性质和功能，维系元素间相互依存的结构关系。系统的整体性与元素的个体性是一对矛盾关系。

④ 系统的动态稳定性。系统结构的有序性和整体性使系统内部元素之间的作用与依

存关系产生惯性，即显现出动态平衡，维持着系统的稳定性。

⑤ 系统的反馈性。根据系统输出功能的情况，系统会从内部机制或外部因素来改变控制过程，改善系统与外部环境之间物质、能量和信息输入与输出的变换关系，实现系统功能的优化。

⑥ 系统的目的性。系统必须完成的特定功能，各元素、各子系统既相互协同又相互制约地达到系统的目的。

系统的可靠性在于系统整体性在系统的动态中维持系统的稳定性，有效运行反馈性能，完善系统，实现系统的目的。系统的生命力在于系统的整体性与元素的个体性这对矛盾关系。如果系统整体性能有效地控制系统正常运行，则系统处于安全状态。如果系统整体性不能有效地控制系统正常运行，系统中元素的个体性充分发挥，形成子系统，脱离或参与整合大系统；那么，系统就在其元素个体性发挥中消亡了（或者说新生了）。如果系统中元素或子系统可靠性差，一旦不能有效地发挥作用，直接影响到系统的存亡，则必须对该元素或子系统增加多重备份（如航天设备的冗余设计）。

三、系统论的基本方法

所谓系统的方法，即从系统的观点出发，始终着重于从整体与部分之间、整体对象与外部环境之间的相互联系、相互作用、相互制约的关系中综合地、精确地考查对象，以达到最佳处理问题的一种方法。系统的分析和综合是系统论的基本方法。系统分析就是对系统结构进行分解，获得构成元素的信息，揭示系统元素之间的关系，发现系统存在的问题。系统综合是根据系统分析的结果，加以归纳、整理、改进和完善，以实现系统的优化。系统论基本方法有两种途径：对既有系统进行针对性分析，经过综合完善，实现系统的最优化；对尚未存在的系统进行类似性分析——收集分析其他类似系统资料，通过综合演绎，创造性地建立完整的系统。

在实际工作中，进行系统分析和综合时应注意如下原则：

① 必须把系统内部和外部各种影响因素结合起来进行分析和综合；

② 必须维持系统与子系统或构成元素间的协调性，把局部效益与整体效益结合起来考虑，追求系统总体性能的最优化；

③ 必须根据系统目的和特征，采取相应的定量和定性的科学分析方法；

④ 必须遵循唯物辩证法的观点，对客观情况作周密调查，辩证分析各种因素，准确反映客观实际。

四、产品系统

产品是人类维持生存的工具和用具。

产品作为单纯的人造物，可以视为由不同材料与工艺制造的零部件组成的、具有某种结构和功能的系统，也可以视为物与物、人与物或人-机-环境系统中的子系统或元素。

产品作为系统工程，可以分为内系统和外系统。

产品的内系统，即产品作为独立的系统，由开发、设计、制造、销售、使用和消亡整个生命周期组成（图1-2）。

生命周期

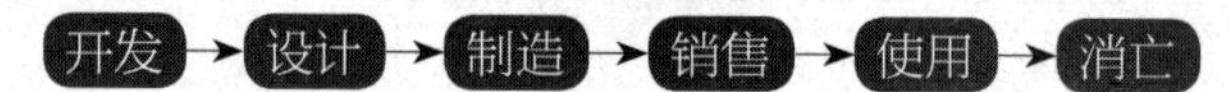

图1-2　产品的内系统

产品的外系统，即产品作为子系统或元素，表现为基于品牌建设的产品族系统、基于用户界面的人机系统、基于市场销售的商业系统、基于自然和人文环境的人-机-环境系统等（图1-3）。

基于品牌建设的产品族系统

基于用户界面的人机系统

基于市场销售的商业系统

基于自然和人文环境的人-机-环境系统

……

图1-3　产品的外系统

第二章　产品系统设计

一、产品设计的概念

产品作为人造物都具备实用功能和精神功能。人类最初造物是为了实用和精神（包括巫术、祈祷等）的需要，产品体现朴素的人文价值。随着生产过剩，出现了贸易活动，产品成为商品。人类造物除人文价值之外，还有一个重要的目的是经济价值。设计是人类为了实现某种特定的目的而进行的一项创造性活动，是人类得以生存和发展的最基本的活动。它包含在一切人造物品的形成过程中。产品设计是人类为抵抗严酷的自然、延伸自身生存与生产能力、改善生活水平，而对工具与用具进行不断创新并赋予其人文价值和经济价值的过程。

二、产品设计的三个阶段

人类的产品设计可划分为三个阶段：设计的萌芽阶段、手工艺设计阶段和工业设计阶段。另外，还有后来出现的后工业设计阶段。

1. 设计的萌芽阶段

人类最初只会用天然的石头或棍棒作为工具，以后渐渐学会挑选石头、打制石器作为工具。随着历史发展，人类在劳动中掌握了磨制石器的技术，提高了石器的使用价值。这是人类第一次使用技术把实用和美观结合起来，赋予物品物质和精神的双重功能，是人类产品设计活动的起点。

2. 手工艺设计阶段

距今七八千年前，人类发现制陶的方法。这是人类最早通过化学反应用人工方法将一种物质改变成另一种物质的创造性活动。早期用手捏制的陶器，形态随意性大。后来出现了轮制技术，规则的周期运动使器物造型初步标准化，简单优美而又非常实用；不但提高了生产效率，而且规范了造型和装饰的模式。铸铜的方法是人类随后发现的另一种化学反应造物的方法。铸铜制范技术和失蜡技术的相继发明，开拓了模具造型的历史。使人类深刻认识到必须了解技术才能更好地进行设计制造。同时，金属工具的广泛运用使设计领域不断扩大。该阶段设计、制造和销售往往是由同一人进行或控制，加上设计与制造直接面对用户，产品在继承传统形制规范的同时常常表现出丰富的多样性，这是人文价值与经济价值的完美结合，也是传统工艺产品的魅力所在。

3. 工业设计阶段

18世纪工业革命后，煤炭能源的利用、冶炼技术的革新以及蒸汽机的发明等，推动手工业生产向机械化工业生产过渡，促进了设计与制造的分工。大量传统手工艺设计的准则已不适应现代工业产品的生产。例如，以手工制造为主的产品量产能力极为薄弱，同种产品的质量和形态很难保持一致。设计与制造逐渐分离，加上设计本身分工越来越细，产品设计概念变得更加宽泛，更加模糊。有时特指纯粹的工程设计，如结构设计、控制系统设计、材料设计、工艺设计等。由于产品设计系统各种子系统和元素的日益增长，以及相互间有序性的丧失，终端产品的系统目的——人文价值与经济价值就很难做到最优化。1919年德国国立建筑学校（简称“包豪斯”）开始培养工业设计人才，以适应现代工业产品设计的需求。20世纪80年代，国际工业设计协会（the International Council of Societies of Industrial Design, ICSID）给工业设计下的定义是：“就批量生产的工业品而言，凭借训练、技术、知识、经验及视觉感受而赋予材料、构造、形态、色彩、表面加工及装饰以新的品质和资格。”这是生产力发展和社会分工的结果，其目的是对产品内部系统工程的整合，追求产品最终形态人文价值与经济价值的良好结合。

4. 后工业设计阶段

21世纪初，互联网技术蓬勃发展，促进体验经济的发展，出现基于用户需求的服务设计和基于人机界面的交互设计。由于工业设计师出色的信息整合和概念可视化能力，也能胜任服务设计和交互设计工作。2006年，国际工业设计协会（现已更名为“世界设计组织”）把工业设计重新定义为：“工业设计是一种创造性的活动，其目的是为物品、过程、服务以及它们在整个生命周期中构成的系统建立起多方面的品质”。2015年，国际工业设计协会把工业设计再定义为：“旨在引导创新、促发商业成功及提供更好质量的生活，是一种将策略性解决问题的过程应用于产品、系统、服务及体验的设计活动”。国际工业设计协会对工业设计概念的新定义，扩大工业设计师的从业范围。工业设计由原先稳定的系统变成了紊乱的巨系统。片面强调用户需求调研和人机界面设计子系统，严重影响了产品系统设计的整体性，模糊了传统工业设计专业培养的目的性（方向性）。为维持工业设计系统的稳定性和整体性，确保专业教学与科研的有序性和目的性，必须坚持以产品设计内系统为专业的整体、有效整合外系统（其他层次）元素，更好地完成工业设计新业务。因此，工业设计专业人才培养应该全面掌握产品系统设计理论和方法之后，再进行服务设计和交互设计深入学习，才较为合理。

三、产品系统设计理论的由来

1. 工业设计理论酝酿阶段

19世纪下半叶至20世纪初在欧洲各国兴起了形形色色的设计改革运动——英国的工艺

美术运动、欧洲大陆的新艺术运动及德意志制造同盟等，它们在不同程度上和不同方面所作的设计实践和设计交流，为弥合产品人文价值与经济价值之间鸿沟，为新兴工业设计概念的理论建设，做出了卓有成效的奠基工作。

2. 工业设计理论成型阶段

1919年德国国立建筑学校，结合工业现实概括总结工业革命后诸多设计理论，提出了三个基本观点：艺术与技术的新统一；设计的目的是人而不是产品；设计必须遵循自然与客观的法则来进行。在强调产品人文价值的同时，用理性、科学的思想来代替艺术上的自我表现和浪漫主义，标志着工业设计理念的成熟，并且奠定了现代工业设计教育体系。

在两次世界大战之间，机械化和批量生产成为制造业的主流。电气化技术、材料科学异军突起，使产品制造发生了革命性的变化，推动了工业设计的发展。在20世纪早期，电气化特别是家用电器的发展，改变了传统的生活方式，使设计师有了更多的用武之地。轧钢技术、冲压技术以及有色金属的运用产生了“机壳”的概念。塑料的出现是材料科学在此阶段最大的贡献。随着塑料种类的丰富和成型技术的日益成熟，经济美观、易于成型的塑料，不仅成为一些贵重材料（牛角、象牙和玉石）的代用品，而且逐步取代部分金属成为机电产品外壳及有关零件的材料。伴随着科学技术的发展，“形式追随功能”的现代主义工业设计观取得决定性胜利。

3. 工业设计理论快速发展阶段

第二次世界大战以后，晶体管的发明标志着电子时代的来临。随着大规模集成电路的出现，引起了20世纪60～70年代急速的小型化浪潮，使很多产品能以很小的尺寸来完成先前功能，这样设计师在产品外观造型上就有了更多的变化余地。电子控制加工技术的日益成熟，很多复杂的曲面造型都能实现；表面加工技术的突飞猛进，产品表面色彩和肌理更加接近丰富多彩的自然生物。新一代设计师向“形式追随功能”现代主义信条提出挑战，促进工业设计向理性主义、新现代主义、波普风格、后现代主义文脉主义等方面多元化发展。工业设计创意与传统产品概念必然产生的矛盾，促使企业和设计师更加关注市场占有率和用户的满意度。品牌建设和知识产权成为控制市场占有率的重要手段。随着市场经济的日益国际化，国际间的分工也日益明显。发达国家的企业凭借知识产权和品牌效应，通过发展中国家的OEM（即定牌生产合作，俗称“代工”）加工，形成攫取高额利润的虚拟经济体系。发展中国家凭借廉价的人力和物力，运用发达国家淘汰的刚性流水线盲目生产着大众产品，使卖方市场转为买方市场。以产品造型设计为主的工业设计已成为企业的常规工作，不再是企业利润最大化的利器。为此，工业设计逐渐从技术为主体的产品经济向以商业设计为中心的市场经济转变。商业文化空前繁荣，产品概念和概念产品层出不穷，产品语义学（也称“产品语意学”）学术理论应运而生。产品语义学认为产品设计符号是点、线、面、体、肌理和色彩等造型要素。这是符号学与工业设计理论的初步接触，但仅限于艺术编码符号的转换，仍是纯粹的造型艺术设计观念。产品语义学虽然拓展了产品造型设计的技能，但同时又把工业设计带向纯文艺的方向。

4. 工业设计理论日趋完善阶段——产品系统设计理论的产生

随着环境污染、资源浪费、生态和人文环境被破坏的工业化进程，工业设计实践与认识提高到生活方式设计、文化模式设计的高度上来。工业设计研究已从人与物的关系，扩展到产品与环境、需求与文化的关系。绿色设计、生态设计、可持续性设计等丰富了工业设计的理论体系。工业设计逐渐从产品内系统走向外系统，整合产品内外系统各种资源，由单纯的产品造型设计兼顾产品概念设计，步入创造产品人文价值、经济价值和生态效益多重目的的全新阶段——人类与自然、科学与文化、现代与传统共生的时代。计算机和网络技术进一步促进产品系统设计理论的诞生，并使之迅速地成长起来。

产品系统设计理论是现代工业设计理论与其他学科相互渗透、融合、吸纳而成的新的理论。它继承了传统手工艺“设计、制造、销售和使用紧密结合”的优良传统，将产品当作一个整体的系统，加以认识和研究，从全局出发将各组成部分看作是子系统或要素，通过整合，建立起相互之间有机联系以及系统与外界之间的有机关系。产品系统设计理论指导下的工业设计工作是：**基于产品内系统（项目管理、产品企划、造型设计、工艺设计、产品制造、商品促销设计、产品服务、产品消亡）各部分信息的有效整合，兼顾产品与人、产品与环境诸方面外系统的有机关系（人—机—环境关系），形成合理的产品概念，按照产品开发的系统过程，科学理性地进行造型设计。**

四、产品系统设计与工业设计

从产品设计由低级向高级发展的四个阶段可以看出：工业革命以来，传统单一的产品设计系统，由于社会分工衍生出很多的子系统，变成更为复杂的大系统；人类为了驾驭该系统，社会分工产生出工业设计职业。工业设计对现代产品系统结构进行分解，获得构成元素的信息，揭示系统元素之间的关系，发现系统存在的问题，形成合理的产品概念；根据系统分析的结果，对产品设计元素加以归纳、整理、改进和完善，通过造型设计，追求产品最终形态的合理性，实现产品系统的最优化。换而言之，工业设计就是产品系统设计，是传统产品设计概念在工业时代的代名词。工业设计师主要工作是：在各类专业技术人员的协作下，完成产品概念设计和产品造型设计。工业设计师负责产品所有子系统信息的整合，但不能替代所有子系统专业人才的工作；否则，工业设计就会因为内容庞杂、边际虚无，缺乏有序性和整体性，变得无以操作。后工业时代，工业设计工作对象由产品扩展到过程和服务。工业设计专业人才培养计划应该在产品系统设计理论指导下，适宜地增加服务设计和交互设计的教学内容。

五、产品系统设计的特征

现在，支持产品系统设计理念的核心技术是计算机集成制造系统（Computer Integrated Manufacturing System, CIMS），即强调“信息流”和“系统集成”优化运行的企业柔性生产系统。制造业柔性生产方式是相对于传统固定式流水线生产方式——刚性生产方式而言。刚性生产方式是指机械化自动流水线生产方式，它只能满足单一产品的生产；它的物流、信息流基本上是串行的，即必须按经营、管理、设计、制造的流程一步一步地运作。尽管流水线生产效率很高，但整个工厂运作效率并非很高。某个部门工作脱节往往会影响整个生产。柔性生产方式是在信息技术（计算机技术、网络技术）基础上，以合理的设备配置和系统优化去适应产品多样化的生产方式。其流水线经科学设置，形成灵活的开放系统。此开放系统可跨车间、跨企业、跨地域、跨国界优化使用资源，最大限度地降低成本，小批量生产多种产品。柔性生产方式的物流、信息流基本上是并行的（见图2-1）。它不排挤传统手工艺和机械加工工艺、不迷信电子加工工艺，追求以有限的投入创造更高的经济效益为目的。

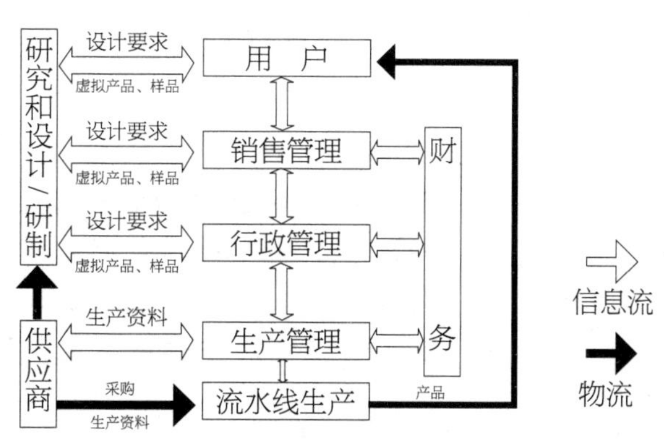

图2-1　柔性生产方式的物流与信息流

相对传统的手工艺设计和刚性生产方式下的工业设计，产品系统设计表现出鲜明的特色。

1. 设计元素的集约化

产品从开发到生产往往是高投入的。量产化是降低生产成本的必要条件。在激烈的市场竞争中，个性化、多样化需要制约着量产化。解决这一问题的有效方法就是对零件、工具、结构特征、原材料、工艺等进行集约化——规范化设计。例如，把组成单一功能的零件组模块化，使之通用化、标准化，以降低产品内部复杂性。通过模块化、通用化和标准化缩短产品加工准备时间，降低制造成本，为柔性制造创造条件。工业设计师把集约化的零部件当成一个个黑箱，大大降低造型设计的复杂程度，提高了产品系统设计的效率。

2. 设计过程的信息化

产品开发设计信息化的代表性标志之一，就是近来出现的产品开发设计新方法——并行设计。并行设计是指集成地、并行地设计产品及各种相关过程的系统化工作模式。这种模式要求开发人员在设计一开始——概念设计和造型设计阶段，就要考虑产品的整个生命周期中从概念形成到报废处理的所有因素，包括质量、成本、进度计划，充分利用企业的一切资源以及通过互联网最大限度地满足用户的要求等，其目的在于追求新产品的易制造性，缩短上市周期和增强市场竞争力。可以这么说，并行设计是信息时代产品系统设计实现产品系统反馈性的具体过程与必要方法。

支撑并行设计的技术主要有以下几个方面。

① CAD/CAE/CAPP/CAM。在并行设计中，CAD/CAE、CAPP/CAM有一种随机、动态的交互关系，能从早期不完整的开发信息中确定设计的可能性。

（注：CAD——Computer Aided Design，计算机辅助设计；

CAE——Computer Aided Engineering，计算机辅助工程；

CAPP——Computer Aided Process Planning，计算机辅助工艺规划；

CAM——Computer Aided Manufacturing，计算机辅助制造。）

② 反求技术。反求技术是反求工程的技术总称。反求工程（Reverse Engineering，也称逆向工程、反向工程），运用三维电子扫描仪对产品实物或模型进行测量，获得测量数据，再通过三维几何建模方法重构产品数字化信息模型，并在此基础上进行产品设计开发及生产的全过程（见图2-2）。

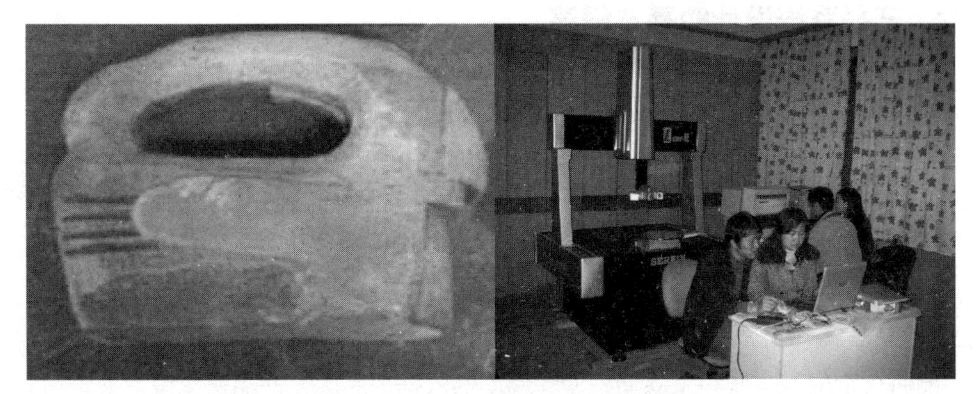

（a）产品模型　　（b）扫描测量、数字修模（再设计）

图2-2　反求工程

③ 快速成型技术。快速成型技术，在CAD/CAM技术支持下，采用化学反应手段快速制作（3D打印）出所需形态部件，在最短的时间内得到实体样件（见图2-3）。

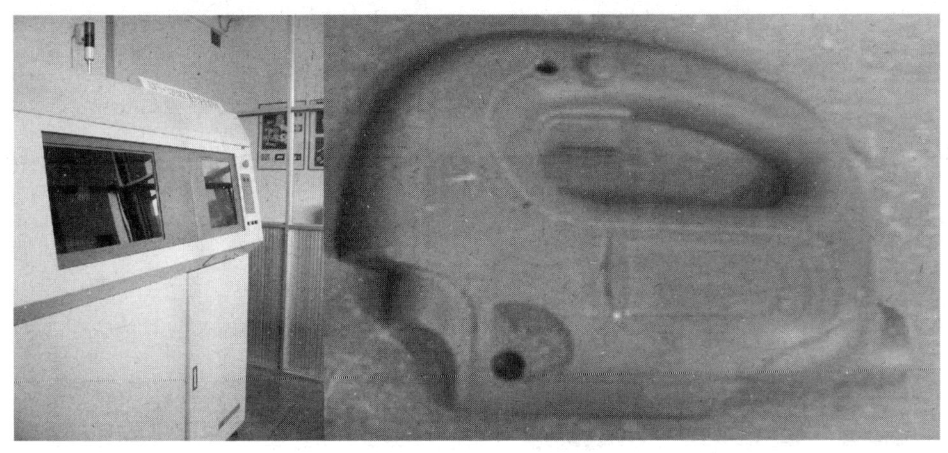

（a）快速成型　　（b）再设计产品模型

图2-3　快速成型技术

④ 产品虚拟制造和虚拟开发技术。该技术是以计算机仿真、智能推理和预测为基础，对制造信息进行动态操作，通过先进的传感技术和声像技术虚拟出“制造”“消费”“损耗”等过程，提交产品开发小组各类专业人员进行“试验与分析”，确保开发设计的成功率。整个过程有安全、可靠、快速、经济的优势。

六、产品系统设计的基本程序

1. 产品系统设计的两个阶段

现代工业产品开发是各类人才通力合作的工作过程。作为工业设计专业的核心工作——产品系统设计，可以分为产品概念设计（产品企划）和产品造型设计两个阶段。

（1）产品概念设计阶段。新产品的开发首先是产品的概念设计，即通过描述产品创意产生的用户需求、市场需求、市场前景、技术条件、文化背景等，归纳出产品开发的方向（产品概念定位），作为未来造型设计活动的依据。因此，产品概念设计报告书亦可以理解为产品造型设计的策划书。拟定产品概念设计报告书，能对后期的产品造型设计全程进行合理的规划和明确的引导，是工业设计师全面把握产品命脉的综合素质的体现。产品概念设计就是以工业设计师为代表的设计者确定产品符号的文化价值和经济价值的过程；其首要任务是产品调研，终极目的是产品定位。

① 产品调研。产品调研是收集产品创新设计元素的过程，是了解产品市场价值规律的过程，是最终确定未来产品实用价值、精神价值和经济价值所在的过程，是产品定位的必要过程。产品调研具体内容有产品市场调研、消费者需求调研、产品技术调研、产品人机环境调研、产品造型规律调研和产品标准调研（图2-4）。产品调研是产品造型设计的依据，决定工业设计的成败。

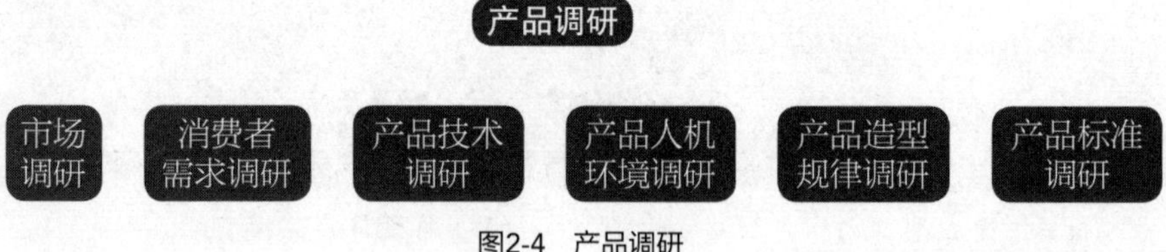

图2-4　产品调研

市场调研，是企业产品创新设计实现经济价值的重要目的。工业设计师必须通过企业营销人员充分了解所开发产品的现时和预期市场信息，并且结合市场同类产品的人文价值和经济价值信息，综合确定产品的市场定位。

消费者需求调研，是产品人本创新设计的重要依据。消费者除根据产品使用说明书掌握一定的产品信息外，根本不可能像工业设计师那样掌握较为全面深入的产品信息。发掘消费者基于生理性与心理性的需求，是工业设计师必须具备的专业技能。

产品技术调研，即产品实用功能、原理、技术、结构及材料与工艺调研，是对现有产品技术的解构，是产品技术构成创新设计（实用功能设计）的必然过程。此过程中，工业设计师必须与企业工程师充分接触，了解产品的所有技术，即产品所要达到的功能、采用的工作原理、组成结构的零部件逻辑关系、零部件的制造材料与工艺等。

产品人机环境调研，是产品人机创新设计确保用户操作安全性和舒适性，确保产品符合可持续性发展的前提。工业设计师通过自身实践结合用户调查，用科学的统计方法和实验手段对现有产品的人机环境关系进行定量和定性分析，选择符合人机工程学和可持续性发展要求的产品开发趋向。

产品造型规律调研，是对产品自然发展史的文化解构，是产品文化构成创新设计（精神功能设计）的必要参考。工业设计师通过统计、对比分析和演绎推理，发掘产品造型规律，预测新产品应有的造型方向。

产品标准调研，即产品市场准入规范的调研，是产品商品化的必要手段。工业设计师可以通过多种渠道获得这些信息。

② 产品定位。产品定位是在充分的产品调研基础上，综合各方面因素，通过科学、理性的统计分析和演绎推理，最终确定产品创新设计方向的过程。产品定位的主要内容：明确产品未来服务的对象；确定产品具体的实用功能和相应技术；预见产品大致的造型趋势；选择合适的材料与工艺；预测产品可控的制造成本等。产品定位往往不是唯一的，但作为一项设计任务，一个最终的产品却是唯一的。它遵循产品的最终效益的最大化。这也是制造业最直接的根本目的。因此，产品定位的合理与否决定着整个产品工程的成败。

（2）产品造型设计阶段。产品造型设计是按产品定位的既定目标，对产品进行具体设计的过程，其主要任务是产品的功能设计。产品功能设计具体为产品实用功能设计和产品创意设计。产品实用功能设计是实现实用功能的技术路线设计，是产品技术的重构和创新，主要属于工程设计的范畴；产品创意设计是对产品所有创新元素的集成创新，主要属于工业设计的范畴。工业设计从产品的精神功能出发，分析人与产品的关系，涉及科学技术和文化艺术多学科知识和技能；而工程设计是从产品的物质功能出发，分析人与产品的关系，仅限于其学科的科学技术知识和技能。由此可见，工业设计和工程设计是并列的概念，是产品创新设计必不可少的两个重要的并行过程。产品创意设计是工业设计师在产品概念设计的基础上进行的设计活动，是产品概念可视化的过程。产品造型设计包

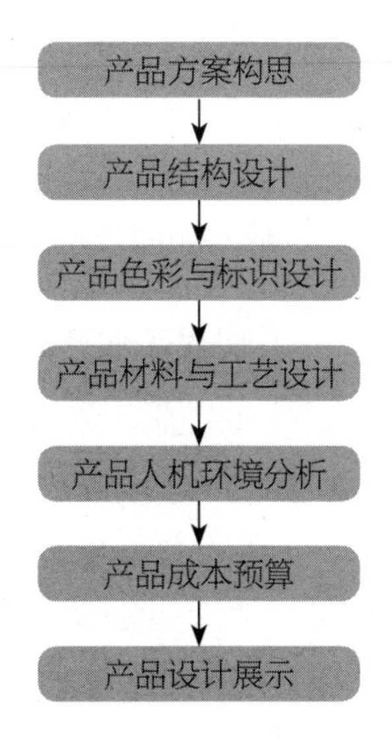

图2-5 产品造型设计阶段

括方案构思、结构设计、色彩与标识设计、材料与工艺设计、人机环境分析、产品成本预算、产品设计展示等步骤（图2-5）。

① 产品方案构思。方案构思是工业设计师综合设计调研的所有内容，依据产品定位的方向，进行产品形象设计的过程；即满足实用功能最基本的结构、机构、材料与工艺、人机关系、价格等物质因素的制约以及特定使用群的文化背景和生活方式等精神功能因素的制约，遵循市场调研中所确定的该类产品艺术造型规律所昭示的趋势，在企业形象规范的指导下，对产品最终形态进行创新设计的过程。该过程中，必要时还需制作草模型协调理性与感性、视觉与触觉的关系。

② 产品结构设计。结构设计是工业设计师和结构工程师对最终构思方案形态和材质的科学规划和验证的过程。由于工程技术的可选择性，因此产品内部结构，机构和材质及零部件之间的逻辑关系，可以通过相关现代机械设计原则进行规划。

③ 产品色彩与标识设计。色彩与标识设计是对最终构思方案外部色彩和标识的科学规划和艺术设计。根据企业形象和产品行业认知的规范要求，在形态美造型法则和认知心理学的科学指导下，对产品外观的色彩和标识进行艺术设计。

④ 产品材料与工艺设计。材料与工艺设计是工艺工程师针对结构设计、色彩与标识设计方案，科学选择零部件及产品表面装饰材料和工艺的过程。

⑤ 产品人机环境分析。人机环境分析是对产品方案的认知界面设计、操作界面设计及与环境的关系作科学分析。

⑥ 产品成本预算。产品成本预算是基于大批量生产而对产品方案的生产成本和运营成本进行定量分析、推算产品价格的过程。

⑦ 产品设计展示。产品设计展示是如实展示产品最终设计方案的过程，主要内容为产品外观、细部结构、人机环境关系等。根据实际需求一般有图纸图片展示、仿真模型、原型制作、PPT展示、虚拟场景展示等。

2. 现代工业产品开发的一般过程

现代工业产品开发过程是在产品系统设计理念指导下进行的；是在高度发展的生产力水平下，形成的较为系统、合理的产品开发过程。它既能满足个性化市场用户多样化的需求，又能保证企业高效率量产化的需求（图2-6）。

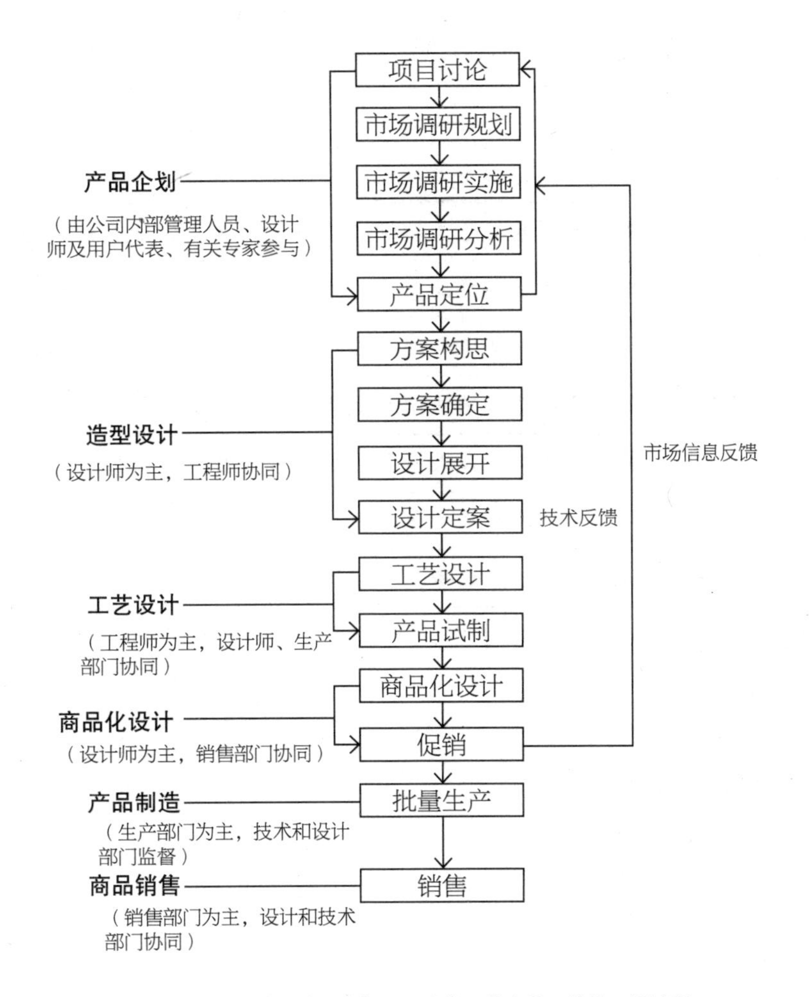

图2-6　产品系统设计理念指导下现代工业产品开发的一般过程

从图2-6可以看出产品开发是一个系统化的过程，参与项目的部门和代表部门的成员都来自不同专业领域，形成了一个集团组织。如果将该集团看作是某一层次的系统的话，那么各部门或成员就是这个开放系统中的要素。体制的意义就在于要让各要素平衡、协调地形成一个既有利于要素独立发挥作用，又能使要素之间相互联系和促进的机制，使各部门、各成员能在一个总体目标下充分发挥能动作用。建立有效的开发体制是项目成功的关键。产品系统设计理念要求项目构成和分工见表2-1。

表2-1　产品系统设计理论要求项目构成和分工情况

项目部门	项目分工
项目管理	◆项目组构成◆开发范围和开发内容研讨◆开发进程
概念设计	◆市场调查的范围和调查项目研讨◆市场调查的实施和分析
	◆调查评价和产品范围、用户目标◆商品企划、确立设计概念
造型设计	◆产品使用环境和使用状态分析◆产品系统构成形式分析
	◆产品机构和功能研究◆展开设计（构思草图、概念模型）
	◆设计评价（效果图、外观模型）◆样机制作和综合评价
工艺设计投产	◆工艺设计◆量产化、生产技术研讨◆外协件选择◆产品制造
促销设计	◆制订促销计划◆商品化设计◆论证会和研讨会

Chapter 02 产品系统设计流程详解

第三章 产品项目规划与管理

产品项目规划与管理是确保产品系统整体性、稳定性和有序性，有效进行创新设计和反馈，最终实现目的性的必要保障。产品系统设计规划与管理主要内容为项目分析、团队建设、项目计划、项目分工和过程控制。

项目分析要了解市场现状、技术路线、用户需求、企业产品开发意图等基本信息，明确设计目的，为后续团队建设和资源配置做准备。

团队建设根据项目分析结果按产品系统设计过程必需的人力资源，组建设计团队。

项目计划根据产品工程期限，按产品系统设计工作规范，合理安排设计进程。

项目分工根据项目工作内容进行团队分工，明确各小组的具体任务和日程安排。

过程控制要求项目负责人掌控产品总系统的有序运行，督促各小组负责人确保子系统的正常进行。所有组员各司其职，系统、有序、高效地完成设计目的。

典型案例——榨汁机造型设计的项目规划与管理

1. 项目分析

随着人们生活水平的提高和技术的发展，人们对于高品质生活的需求和对身体健康的关注越来越多，对榨汁机的需求越来越大。目前市场上榨汁机存在缺陷很多，极大地影响了消费者的购买欲。对榨汁机进行改良设计，剔除榨汁机缺陷、发展新功能、为使用者提供更好的使用体验。

2. 团队建设

指导老师：吴琼教授、陈默博士（助教）。

组长：刘雨姣。

组员：王璐、戴濛、韩玉洁、何雪莹。

3. 项目计划

课题进程、内容和要求见表3-1（每周8课时，共64课时）。

表3-1 项目计划表

进程	项目	具体内容	要求
第1、2周	产品项目规划与管理 产品调研	市场调研、技术调研、用户调研、造型规律与色彩调研、人机调研、行业规范调研、产品定位	由具体调研导出产品定位
第3、4周	产品方案设计	三期方案草图	一期方案（30张/人） 二期方案（15张/人） 三期方案（5张/人）
第5周	产品结构设计	三维建模（三视图、总装图、爆炸图）	CAM软件制作
第6周	色彩与标识设计 产品材料与工艺设计	标识设计、色彩设计 产品造型材料与工艺、表面处理材料与工艺	
第7周	产品人机环境分析	产品操作方式展示和设计、产品安全性分析、产品人机环境友好性分析	
第8周	产品成本预算 产品设计展示	测算产品成本、制定产品价格 课题汇报PPT、展板及产品设计报告书	展板提供电子稿、产品设计报告书打印成册

4. 团队分工

团队里根据大家的各自擅长点进行分工，明确组长及组员的具体任务。

5. 过程控制

组长负责产品系统设计的有序运行，督促各分工负责人如期完成设计任务，接受指导老师的审阅，按评审反馈意见及时修改相关内容，确保产品设计的正常运行和最终设计质量；统筹协调各分工组员的工作内容，整合完善产品设计报告书。

第四章　产品调研

一、产品市场调研

市场调研是运用一定的科学方法收集、整理、初步分析目标市场和竞争品牌的市场现状和趋势，为企业进行市场预测和决策提供可靠数据和资料，进而帮助企业确立正确的市场定位、品牌发展战略及产品研发计划的过程。产品调研是工业设计师了解市场信息的重要途径，是产品设计实现市场可行性的必要途径。产品市场调研的内容可以分为对产品品类相关信息的调研和对产品品牌相关信息的调研。产品品类信息可以分为历史的和当下的市场信息；产品品牌信息主要是自身品牌与竞争品牌的信息。市场调研注重产品信息的全面性和正确性，避免功利性和敷衍性。

1. 产品品类市场信息调研

对本产品的定义、历史、分类、生命周期、行业现状进行调查分析，准确分析行业的市场格局，掌握市场发展变化的规律和趋势，并对市场前景作出合理预计。

产品品类市场信息可以在图书馆查寻专业期刊、统计报告和专著，也可以通过网络搜索。图书馆查寻的原始资料可靠性强，但难以保证时效性；网络搜索的二手资料有较好的时效性，但难以保证可靠性。如果时间和财力物力条件允许，应以原始资料为主；二手资料因其经济快捷的特点也可以作为市场调查的重要线索和辅助途径。

2. 产品品牌市场信息调研

作为信息载体的产品，除了承载着固有的物质功能外，还承载着重要的品牌文化。市场调研中，对自身品牌及竞争品牌的品牌效应、品质品味、营销手段等要素作全面细致对比分析，完善企业品牌发展战略，明确产品企划方向。

品牌产品市场信息对比分析可以采用雷达图来展示，雷达图可以一目了然地对比出元素间的差异以及差异的程度。要素对比分析需要一定数量的问卷调查，通过统计各品牌产品要素评测的平均数据，综合制表，生成雷达图。

典型案例——高压清洗机造型设计的市场调研

1. 产品品类市场信息调研

（1）产品概述

高压清洗机是一种高效节能的新型清洗设备，在技术上属于高精尖的新型设备，囊括了内燃系统、新型材料工艺、表面防腐工艺、密封技术、水射流技术等诸多学科。

高压清洗服务起源于20世纪80年代，广泛应用于制造行业、船舶行业、石化行业、建筑行业及铁路行业等诸多领域（表4-1）。从20世纪90年代开始，高压清洗技术深化发展，应用更加广泛，产品日趋多样化，这种高压清洗技术也是世界公认最科学、经济、环保的有效清洁方式之一。

表4-1　高压清洗在各工业部门的应用

工业部门	用途	工作压力/MPa
航空	跑道除油、除胶和飞机表面除锈除漆	70
船舶	码头、船身等污垢、锈垢的清除	35~250
油田	钻井平台的管道疏通及石蜡、泥垢清洗	35~140
汽车	涂装前预处理、车身的除漆和除焊渣	70
市政工程	公共设施清洗、楼宇清理，下水管道疏通等	0~35
机械制造	去除管道、罐槽、容器等的锈层、扎皮和焊渣等	70~140
铸造	清除金属表面氧化、铸件清砂	70~100
制铝	清除罐槽、磨机、污水池、滤网的铝矾土垢层	70~140
水泥	清除管道外壁、栅栏及生产设备的油污和水泥垢层，去结皮	53~70
建筑业	铺路设备、车辆、沥青炉上污物、沥青、油垢等	35~70
冶金	轧材表面除磷，换热器、锅炉、仓储的污垢的清除	35~140
电站	清理核燃料室、汽轮机叶片的污垢和残渣	70~140
酿造	清洗锅炉、发酵罐及管内的发酵物和沉淀物	35~70
轻工	清除管道、换热器、造纸机的木浆、糖垢和残渣等	50~140

（表格来源：金渝博，董克用. 高压水清洗设备应用领域介绍及市场前景分析[J]. 清洗世界，2015，31（1）：30-34.）

当前我国在社会经济发展虽然取得显著成效，但是低效率的能源利用一直是制约经济和社会发展的重要阻碍。以煤炭工业为例，工矿企业每年因设备腐蚀等原因导致失去效用的直接经济损失达数十亿元，采用科学的方法对设备进行正确的防腐处理，能够保证其充足的使用周期和使用寿命，从来降低直接经济损失，这也是工业高压清洗机需要深化发展的关键因素。

工业高压清洗机根据功率大小、使用环境等因素分为很多类型。

根据工业高压清洗机的使用环境来区分，可以分为有外罩式和无外罩式、固定式及可移动式（图4-1）。

（a）无外罩式　　（b）有外罩式　　（c）可移动式

图4-1　工业高压清洗机几种代表类型

无外罩式的高压清洗机常用于室内及天气条件良好的室外使用，考虑到操作者使用便捷，方便观察维修；整体造型排布根据机械结构的功能排布，缺乏审美，机械零件都暴露在外部，容易给人造型心理上的危险排斥作用。

有外罩式的高压清洗机可用于室外条件较恶劣的环境，能够有效防止沙尘或雨水对机械设备的侵蚀，既满足了户外设备的使用要求，同时又提升了用户体验，操作上更加人性化；在外观造型上，通过色彩、标识的调整，使其视觉审美提升，不再是仅靠裸露的零件组成的工业设备。

可移动式工业高压清洗机通常应用在体量较小的设备上，满足其便携性和便捷性。针对体积和质量较大的高压清洗机时，通常会配套相应的移动设备或运输设备（图4-2）。

图4-2　高压清洗机配套设备

（2）产品市场分析

目前高压清洗机市场潜力巨大，每年国际市场需求量在4000万台，且需求量不断增大。由于工业高压清洗机被广泛应用于更加高精尖的产业中，质量、技术等方面的要求更加严格，因此需求量更是不断增长（图4-3~图4-5）。

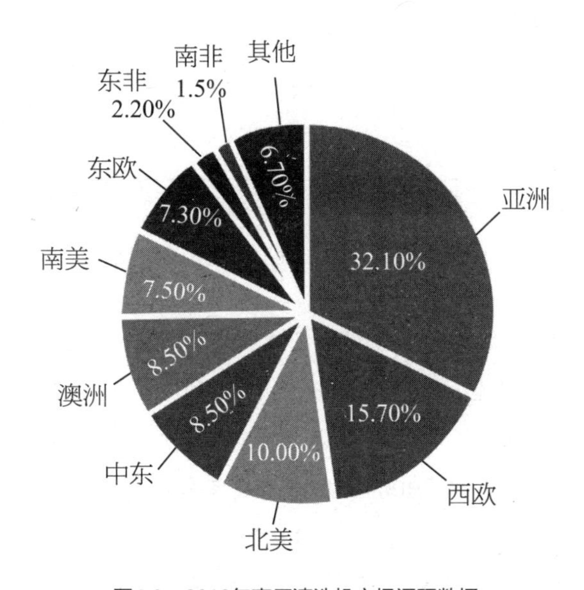

图4-3　2012年高压清洗机市场调研数据

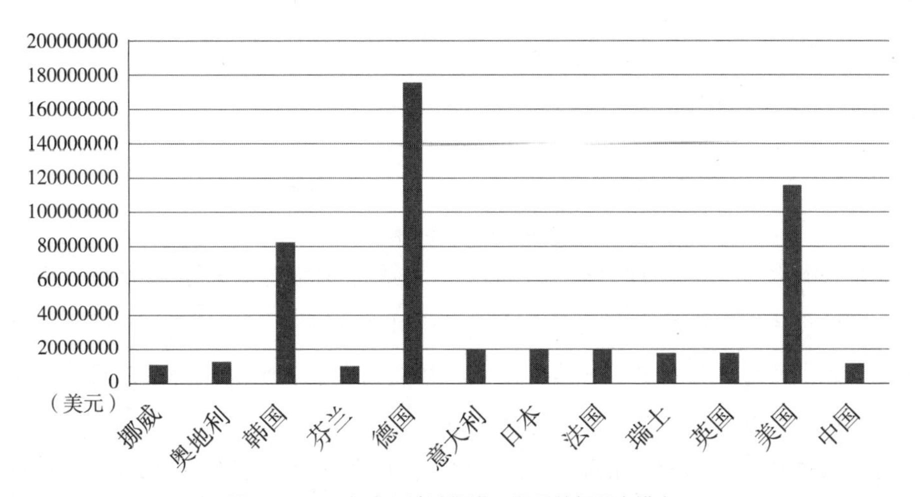

图4-4　2011年高压清洗机进口贸易总额国家排名

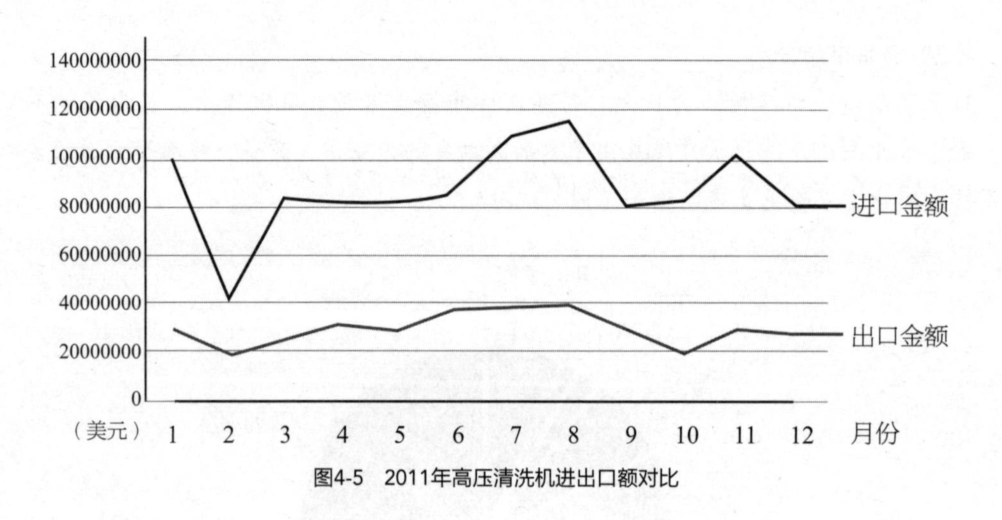

图4-5　2011年高压清洗机进出口额对比

从图4-3～图4-5中可以发现，在××年高压清洗机市场占比中，亚洲、东欧、北美及中东地区的市场占比占据了全球市场的三分之二，发达国家（地区）及资源丰富的国家（地区）的高压清洗机进口量远超过出口量，对高压清洗机需求量巨大。目前我国高压清洗机市场正处于发展期，国务院于2009年发布了《装备制造业调整和振兴计划》，2011年发布了《“十二五”工业转型升级规划（2011~2015年）》；2012年中国机械工业联合会发布《“十二五”机械工业发展总体规划》；2012年全国人民代表大会常务委员会发布《中华人民共和国清洁生产促进法》。相关法律法规及政策的出台，极大催化、促进相关产业的发展和提高，因此对我国高压清洗机设备进行整体规划设计迫在眉睫。

2. 产品品牌市场信息调研

（1）同类企业品牌特征分析

我国高压清洗机行业的劣势在于发展起步较晚，核心技术差距大，工艺水平较低，导致使用寿命与性能均逊色于国外进口产品。优势在于国内原材料和人力物力成本相对低廉，产品市场条件优于国外。因此国内自主品牌目前面临的主要问题为加快核心技术的研发，提高产品生产的工艺水平、技术和质量，同时树立优良的品牌与企业形象，形成产品差异性，这样才能与国外品牌展开有力的竞争。

从国内高压清洗机所含有的产品品牌来看，国外进口高压清洗机品牌占的比重巨大（表4-2）。德国凯驰、Maha和WOMA都是清洗机设备行业的老牌企业，拥有顶尖核心技术，是市场占有的主体。而国产的上海熊猫和南京富技腾虽然在国内品牌中属于佼佼者，但是与国际品牌相比还有一定差距。

富技腾的特点在于，早年与国外多个知名品牌进行合作（表4-2），弥补了市场和技术上的一些空缺。但其自主品牌“Fedjetting”在市场效益上相对于熊猫及其他国内知名品牌有一定程度上的落后。因此分析出用户选择富技腾自主品牌的产品原因如下：第一，技术差距小，产品成本较低。与其他国际品牌相比，性价比更高；第二，通过与国际品牌合作，提高其知名度，能够提高自身品牌的附加值和影响力。

表4-2 相关企业概况

企业	企业特征
德国 Maha	创建于1968年，世界著名汽车检测设备制造商之一 。采用世界顶级核心部件，源自德国的工业级冷热水高压清洗技术，由欧洲专业工业泵制造商提供高精度工业曲轴泵，工业陶瓷护套柱塞、多层工业密封件等耐用部件的大量应用，保证设备的超长寿命。适用于在各种环境下，高难度的清洁作业
德国 凯驰	创建于1935年，全球清洁领军品牌，世界市场领先企业。凯驰集团近一个世纪以来坚持创新发展，不断研发新技术、新工艺、新产品，推动了整个高压清洗机领域的发展
德国 法尔狮 （falch）	德国法尔狮成立于1986年，专业生产500千克到3吨的高品质高压清洗机，其产品定位以专业超高压技术和高品质在国际市场上著称，致力于24小时持续安全可靠的超高压清洗工作
德国 WOMA	几十年来一直在提供创新产品，以高压水射流行业的技术尖端著称。WOMA的设计、制造高精度、可靠性、成本效益和客户满意度始终是高压应用中的领导者
美国 StoneAge	180多家StoneAge授权经销商分布在43个国家，为世界各地的客户选购合适的商品以及提供优良的售后服务。致力于创造引领世界先进科技的高压水射流产品，提供最贴心的客户服务，专注于研究机械化设备与旋转清洗头

续表

企业	企业特征
中国南京富技腾	富技腾机电科技南京有限公司，是国内专业级的一家从事“超高压水射流技术”应用产品研发、生产、销售及技术服务的国家级高新技术企业。与美国Jetstream、StoneAge及瑞典TST公司合作，引进研发新技术
中国上海熊猫	是一家集开发、研究、制造和销售于一体的高新技术企业。曾荣获科技企业创新奖、实用新型专利、国家重点新产品及国家免检的诸多荣誉，是国内、国际先进水平的清洗设备公司

针对高压清洗机核心竞争要素压力值、流量、人性化设计和外观，对比国内、外典型企业——上海熊猫和德国凯驰。通过调查分析，发现南京富技腾高压清洗机压力值和流量特征鲜明，具有竞争力；但是，能效比、人性化设计和外观效果方面都比较落后（图4-6）。

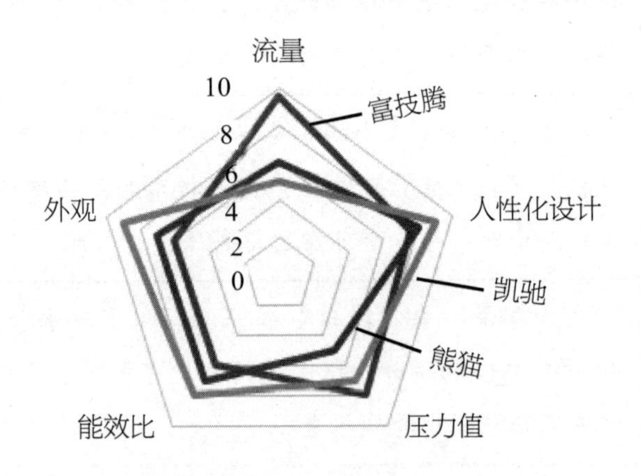

图4-6　品牌对比分析雷达图

（2）企业品牌认知度分析

问卷调查的目的是针对高压清洗机行业的企业认知度进行调查，调查对象为高压清洗设备相关行业的各方人员。通过调查发现，国内品牌整体偏弱，南京富技腾企业认知度处于国内中上水平（图4-7）。

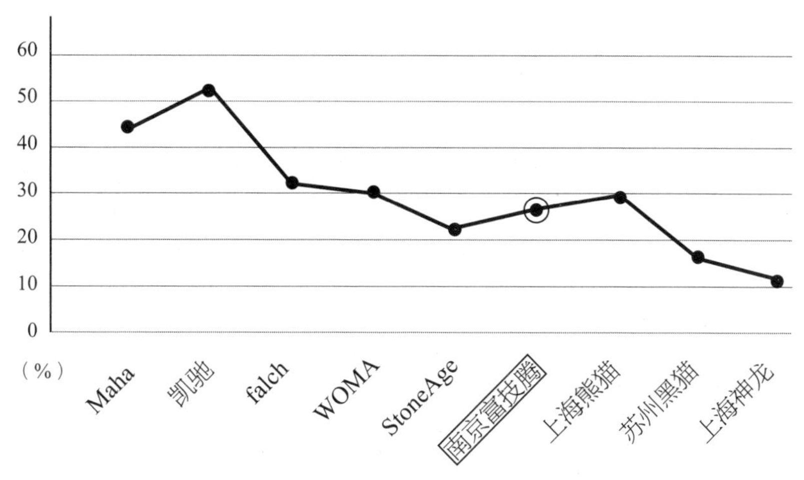

图4-7 企业品牌认知度问卷调查结果

结论

通过市场调研得出，南京富技腾的企业产品核心技术与生产水平在国内处于前列，有较强的市场竞争力，销售业绩良好，认知度在国内处于中上水平。但与国内外知名品牌相比，能效比、人性化设计、外观效果等方面差距较大。因此，如果想要获得更大的市场份额，首先要在技术上逐步缩小与国际品牌的差距，在与国际品牌合作接轨的同时加强自身技术与工艺的研发，不断完善自主品牌"Fedjetting"建设，重视工业设计在产品研发中重要作用，不断增加技术与设计的核心竞争力。在宣传方面也要加大投入，增强企业认知度，从而在市场竞争中获得优势。

二、消费者需求调研

消费者需求是消费者在生理、心理各方面期望得到满足的一种趋向。这种趋向可以引发消费动机，进而产生实际的消费行为。生理需求即消费者的实用需求，与产品的基本功能和物质利益相联系。当消费者为实用需求所驱动时，其选择行为一般比较理性，需求的趋向较容易判断；对产品价值的关注主要在优质、可靠、便于维护和便于使用等方面。消费者的心理需求主要来自消费者获得愉悦、得到尊重、表现自我的期待的满足。与其相联系的购买决策具有一定的主观体验和情绪化色彩。这个选择过程受到周围诸多因素的影响，也带给了设计极大的创新空间。消费者需求是多方面的、不明晰的，需要设计者与消费者深入沟通，对消费者的需求作出准确定义和分析。

1. 调查问卷设计

（1）消费者需求调查问卷的内容。在实际的需求调研中，调研者需要根据不同的调研对象设置不同的问卷。撰写好的消费者需求意向调查问卷，将有助于消费需求意向市场调查活动的顺利开展，真正做到有条不紊、有的放矢。一个相对完善的消费者需求调查问卷至少应包括以下几方面内容：

① 消费者的基本信息的调查收集（年龄、职业、性别等）；

② 有关消费者满意度的调查（售后服务、产品投诉、产品满意度、信誉满意度）；

③ 有关企业知名度的调查（产品知名度、品牌知名度、诚信知名度、营销模式知名度）；

④ 围绕消费者潜在需求的调查（生活方式、消费习惯、购买心理）；

⑤ 围绕产品开发进行的调查（造型、色彩可行性）；

⑥ 产品上市后的针对性调查（新品的铺市率、消费者对新产品的造型、使用等方面的评价）；

⑦ 消费者购买意向的调查；

⑧ 四类消费者（忠实消费者、投诉消费者、品牌转移消费者、潜在消费者）的资料库的完善及四类消费者现状的对比分析报告。

（2）消费者需求调查问卷设计原则。为了取得更加有效的调查结果，上述每一个方面都会设计成若干问题的形式，同时每一个问题都需要经过精心的设计。设计时要本着以下原则。

① 合理性。合理性指的是问卷必须紧密与调查主题相关。

② 一般性。即问题的设置是否具有普遍意义。

③ 逻辑性。前一问题与后一问题之间要具有逻辑性，单个问题本身也不能出现表述逻辑错误。

④ 规范性。主要是指问题设置是否准确；提问方式是否清晰明确、便于回答；被访问者是否能够对问题作出明确的回答等。

⑤ 便于整理、分析。成功的问卷设计除了考虑到能全面收集信息外，还要考虑到如何方便调查结果统计以及增强调查结果的说服力。

（3）消费者需求调查问卷的制定。课题组围绕产品消费者需求展开头脑风暴，罗列调查所涉及的内容。通过讨论，凝练问题，确定调查表草案；问题过多、过于烦琐，会使被调查者产生困惑和厌倦，直接影响调研的准确性。小范围试验调查表草案，验证其完整性和有效性，不断修改完善，形成科学合理的调查问卷表。

（4）消费者需求问卷调查。问卷调查样本量越大，误差就越小；而样本量越大，则成本就越高。为节省时间和费用，可以线上线下同时进行。调查样本量一般要在100份以上，才能较好地反映实际情况。

2. 调查问卷分析

把每一个问题的统计结果制成Excel表，生成合适的视图（饼状图、柱状图等），对统计结果作扼要的说明。用户需求调研是一个非常繁杂的过程，调研过程中应始终本着客观的原则，尽量避免主观臆断，切忌修改数据。

典型案例——榨汁机造型设计的消费者需求调研

一、调查问卷设计

1. 您的性别？（ ）

A.男 B.女

2. 您的年龄？（ ）

A. 0~18岁 B. 19~29岁 C. 30～39岁 D. 40～59岁 E. 60岁以上

3. 是否使用过榨汁机？（ ）

A.是 B.否

4. 使用榨汁机的次数？（ ）

A.一周一次 B.一个月一次 C.两三个月一次

D.一年一次 E.基本天天用 F.基本不同

5. 下列哪些榨汁机品牌是您曾经接触或使用过的？（ ）

A.九阳 B.美的 C.飞利浦 D.其他

6. 如果要购买榨汁机，您会注意哪些方面？（ ）

A.品牌 B.价位 C.颜色 D.舒适度

E.材质 F.其他

7. 您比较喜欢哪种榨汁机？（ ）

A手动 B.电动

8. 如果您要购买，比较倾向于哪种材质的榨汁机？ （ ）

A. 玻璃 B.塑料 C.金属 D.新型材料

9. 您使用榨汁机多用于榨什么？ （ ）

A.蔬菜 B.水果、少汁 C.水果、多汁 D.其他

10. 您喜欢有果肉的果汁还是纯果汁？ （ ）

A.纯果汁 B.果肉果汁 C.都还好 D.都不喜欢

11. 您希望现在的榨汁机设计更偏向于哪一类？ （ ）

A.趣味性 B.材质新颖 C.造型外观 D.功能强大

E.省力 F.其他

12. 您喜欢多大的榨汁机？ （ ）

A.迷你型 B.小型 C.中型 D.大型

13. 您喜欢什么造型风格的榨汁机？ （ ）

A.现代简约 B.机械感强 C.华丽装饰性 D.卡通

14. 您认为现有的榨汁机有哪些不足之处？ （ ）

A.体积过大，不易收纳 B.清理麻烦 C.存在安全隐患

15. 可以接受的榨汁机价格是多少？ （ ）

A.100元以下 B.100～300元 C.300元以上

16. 对于榨汁机天马行空的预想。

二、调查问卷分析

1.基本信息调查

（1）您的性别？（图4-8）

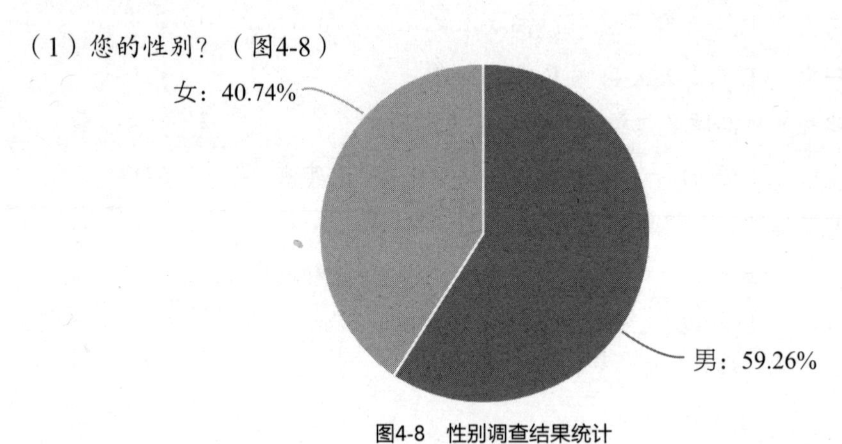

图4-8 性别调查结果统计

（2）您的年龄？（图4-9）

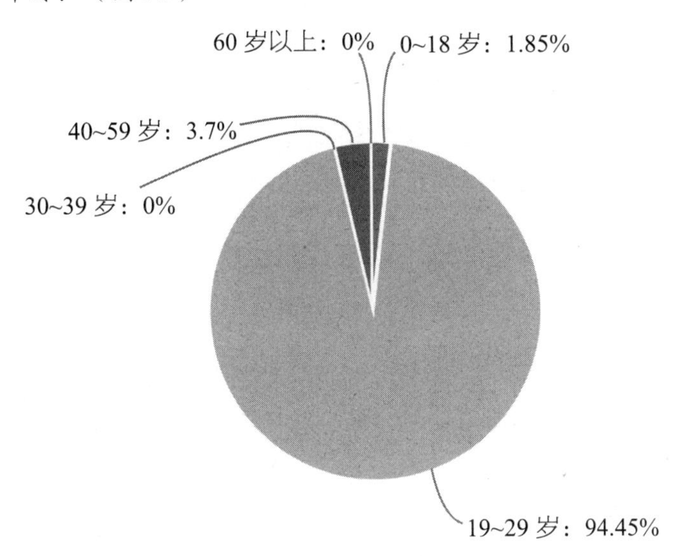

图4-9　年龄调查结果统计

调查结果显示：使用榨汁机的人群大多是19~29的年轻人。

2. 企业知名度调查

下列哪些榨汁机品牌是您曾经接触或使用过的（图4-10）。

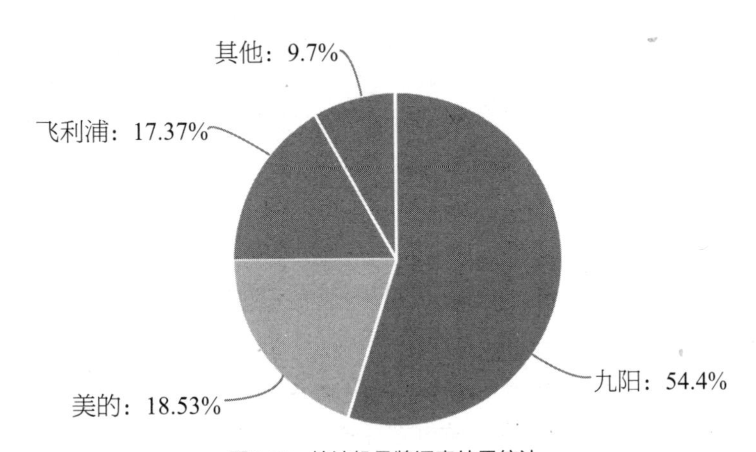

图4-10　榨汁机品牌调查结果统计

调查结果显示：对于榨汁机品牌知名度最高的是九阳；其次是美的和飞利浦。

3. 消费者潜在需求调查

（1）是否使用过榨汁机？（图 4-11）

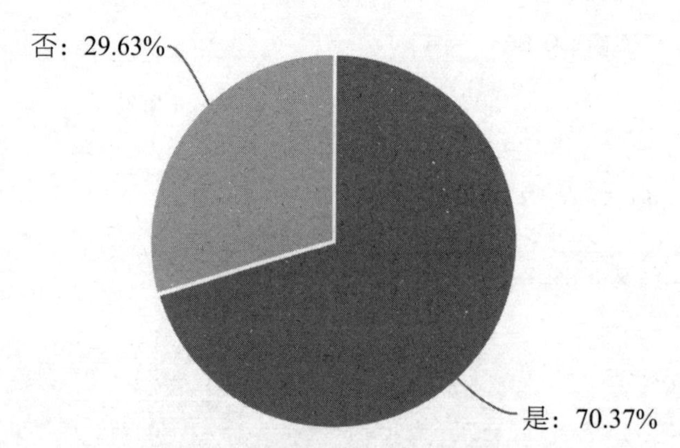

图4-11　是否使用榨汁机调查结果统计

调查结果显示：大多数人都使用过榨汁机，但有仍有少部分人没有使用过榨汁机，可以看出榨汁机并不是生活必需品。

（2）使用榨汁机的次数（图4-12）。

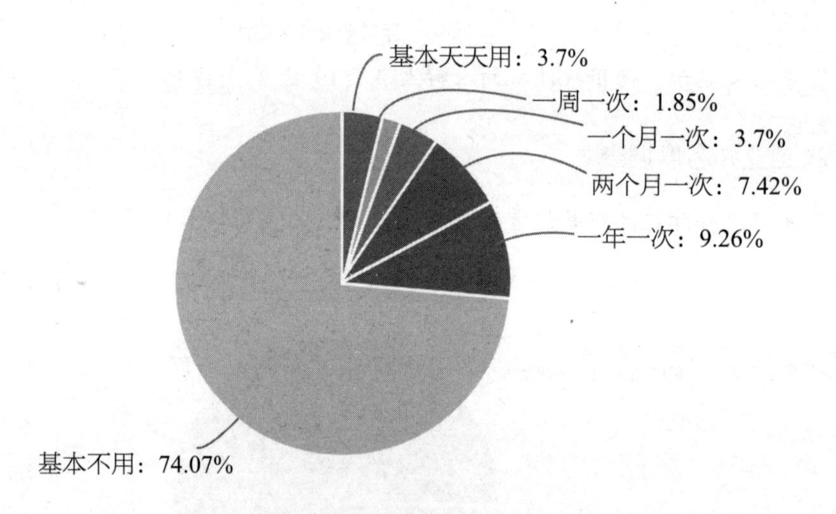

图4-12　榨汁机使用次数调查结果统计

调查结果显示：近四分之三的人基本不使用榨汁机，可见榨汁机在人们的生活中适用场合较少，也可能是榨汁机使用并不方便，因而降低了使用频率。

（3）如果要购买榨汁机，您会注重哪些方面？（图4-13）

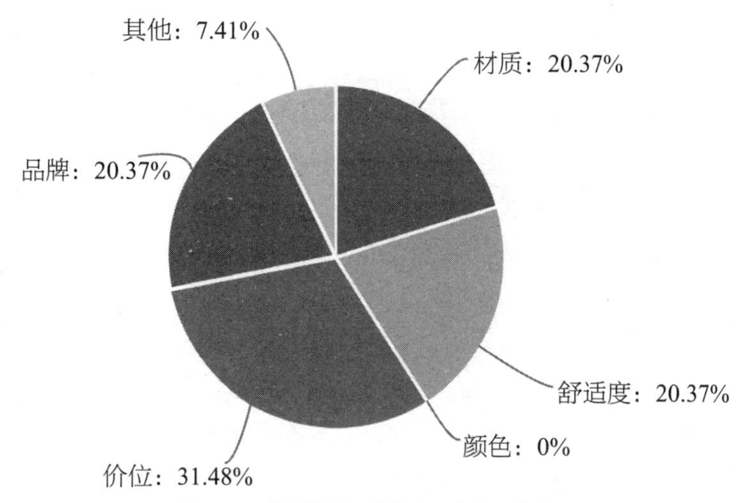

图4-13 购买榨汁机关注点调查结果统计

调查结果显示：用户购买榨汁机时考虑的因素是多层次的，最主要考虑的是商品价格，其次是舒适度和品牌，考虑颜色最少；可以看出用户一般趋向于购买物美价廉的产品，而品牌效应也是重要的一环。

（4）您比较喜欢哪种榨汁机？（图4-14）

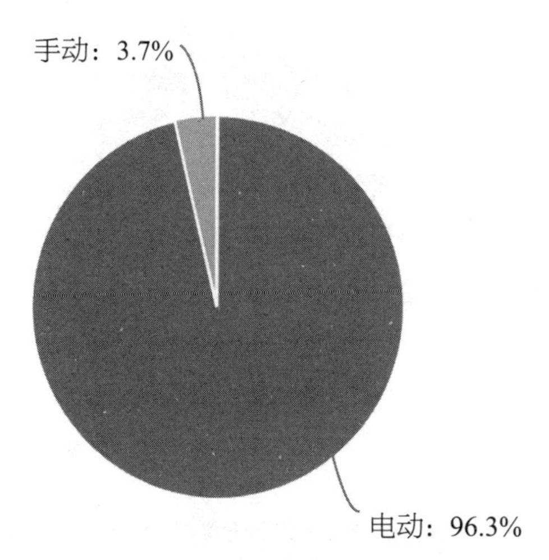

图4-14 榨汁机手动、电动调查结果统计

调查结果显示：几乎所有人都喜欢使用电动榨汁机，可以看出省力的电动榨汁机更受大众欢迎。

4. 围绕产品开发进行的调查

（1）如果您要购买，比较倾向于哪种材质的榨汁机？（图4-15）

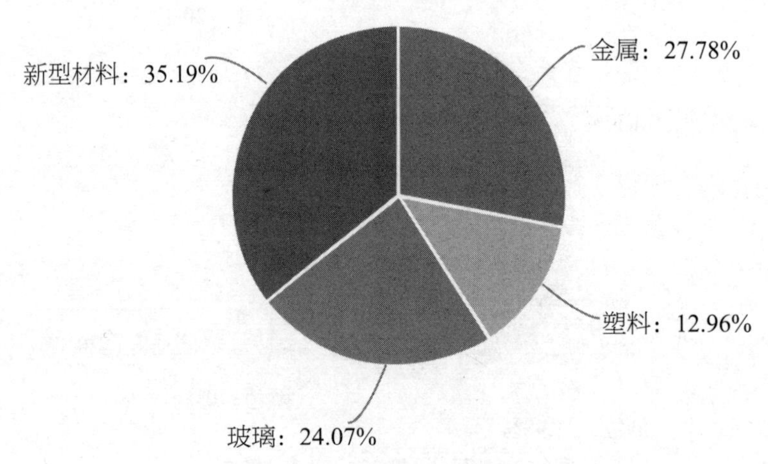

图4-15 榨汁机材质调查结果统计

调查结果显示：选择新型材料的人最多，可以看出人们对于新事物的好奇和追求，这能成为销售的一大动力。

（2）您使用榨汁机多用于榨什么？（图4-16）

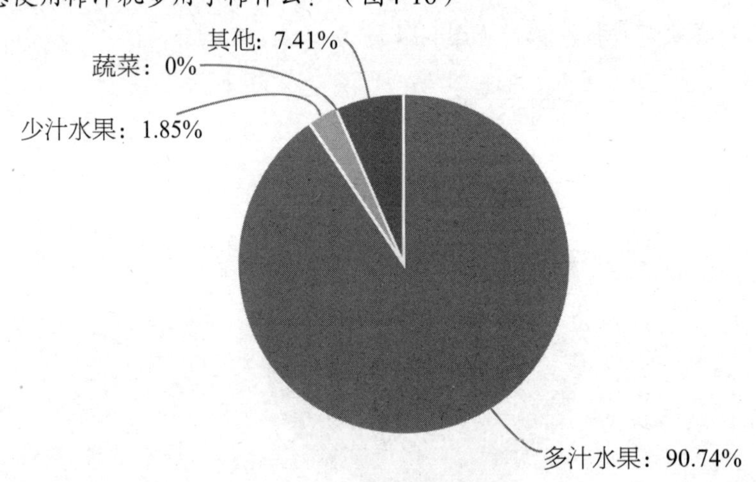

图4-16 榨汁机榨汁分类调查结果统计

调查结果显示：绝大多数人使用榨汁机榨多汁水果，可以看出榨汁机的使用目的多是为了榨取足够多的果汁方便饮用。

（3）您喜欢有果肉的果汁还是纯果汁？（图4-17）

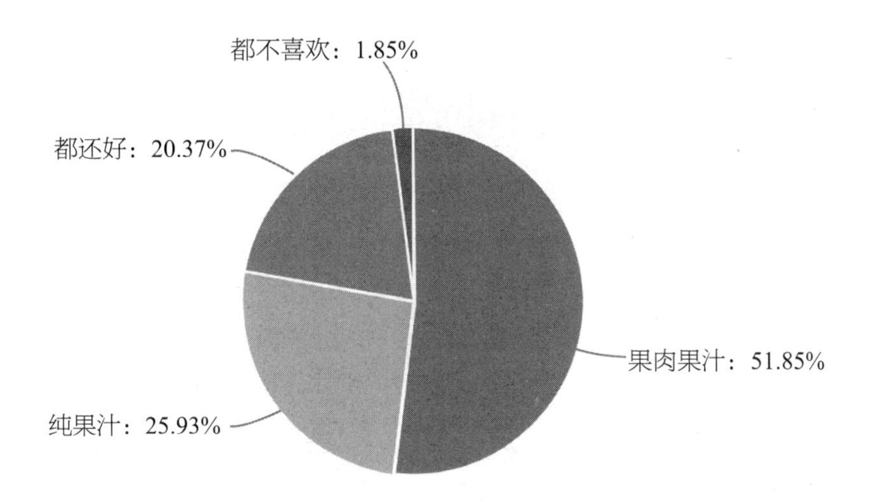

图4-17 榨汁机榨汁程度调查结果统计

调查结果显示：大约一半以上的人喜欢果肉果汁，可以看出榨汁机的设计应该要趋向于榨取果肉果汁。

（4）您希望现在的榨汁机设计更偏向于哪一类？（图4-18）

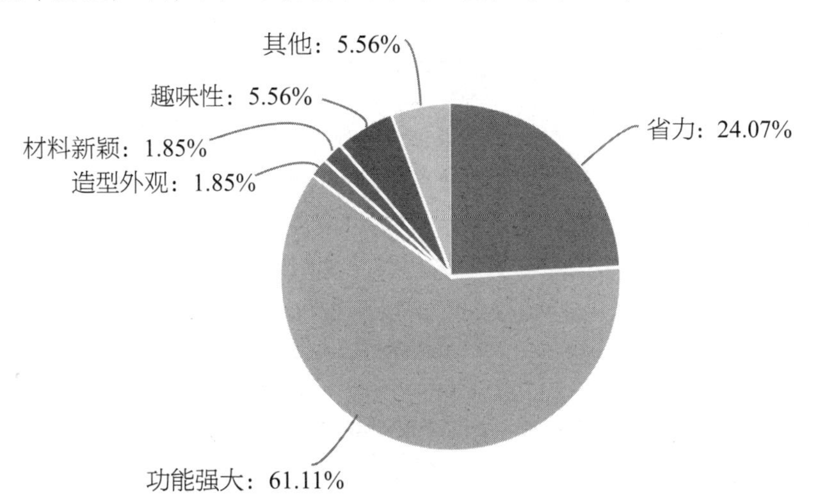

图4-18 榨汁机设计偏向调查结果统计

调查结果显示：超过六成的人希望榨汁机的功能强大，其次是考虑省力，可以看出大众对产品实用性的需求。

（5）您喜欢多大的榨汁机？（图4-19）

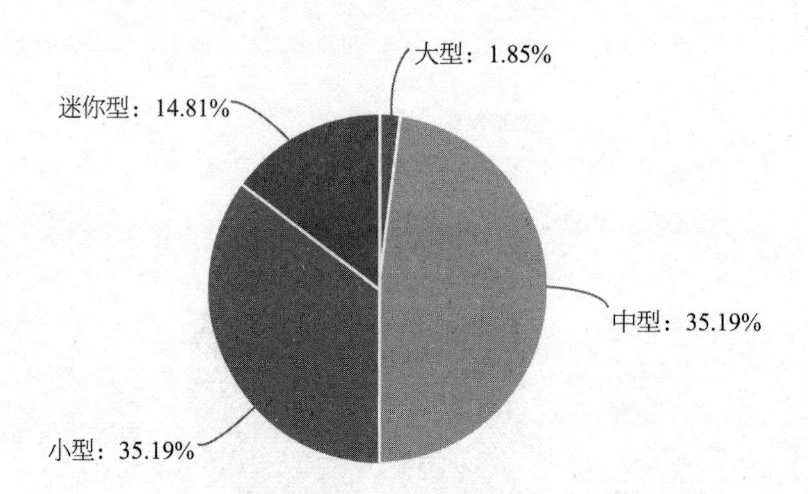

图4-19　榨汁机体积调查结果统计

调查结果显示：超过七成的人选择使用中、小型的榨汁机，选择大型的最少。可以看出消费者对于产品体积的要求，并注重使用效果。

（6）您喜欢什么造型风格的榨汁机？（图4-20）

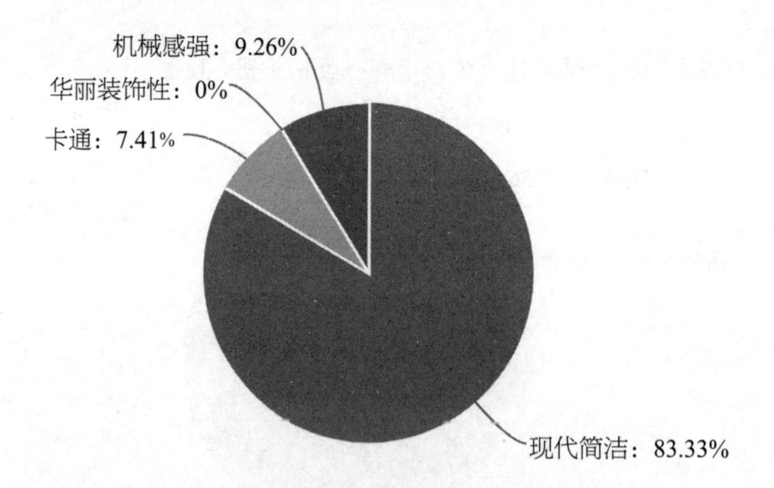

图4-20　榨汁机造型风格调查结果统计

调查结果显示：绝大多数人选择现代简洁设计的榨汁机，可以看出用户注重实用性，现代简洁是设计趋势。

5. 产品使用问题调查

您认为现有的榨汁机有哪些不足之处？（图4-21）

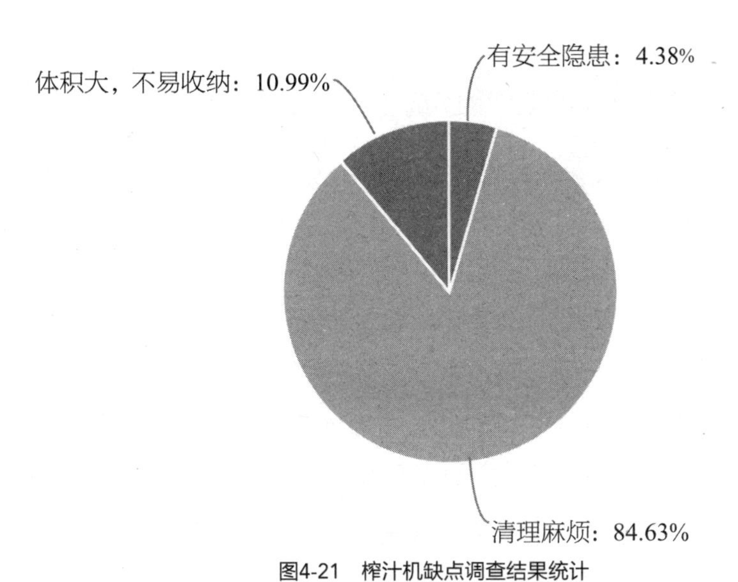

图4-21　榨汁机缺点调查结果统计

调查结果显示：绝大多数人认为榨汁机使用后清理麻烦，所以设计榨汁机应该注重使用后的清洁问题，还存在存储不方便的问题以及安全隐患问题，由此对榨汁机进行改进设计。

6. 产品购买意向调查

可以接受的榨汁机价格是多少？（图4-22）

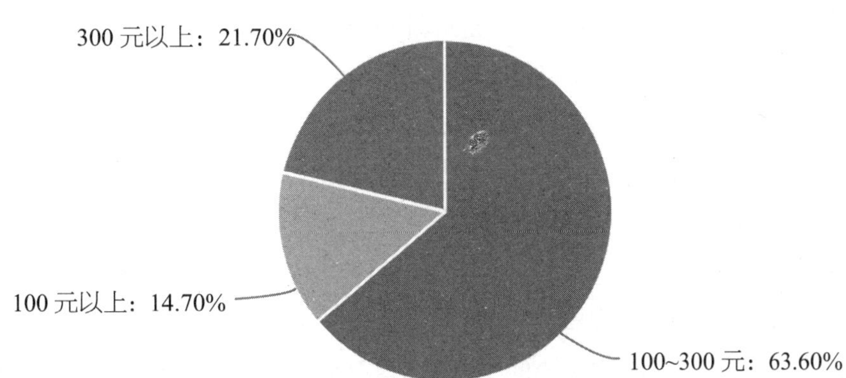

图4-22　榨汁机价位调查结果统计

调查结果显示：选择中档价位（即100～300元）的人占比最大，设计时还需要考虑榨汁机的成本。

结论

榨汁机的主要消费人群是19~29岁的青年人，主要用于榨取水果、蔬菜汁。他们对于产品的需求倾向是功能强大、使用方便、材料新颖、造型简洁、价廉物美。

三、产品技术调研

产品技术是产品实现实用功能的物质基础。产品技术调研是工业设计师全面了解科学技术，集成创新设计，实现产品制造可行性的必经之路。产品技术包含产品自身技术和产品材料与工艺技术。产品技术调研具体内容为产品实用功能、原理、技术、结构、材料与工艺等。

1. 产品自身技术调研

（1）产品实用功能调研。产品的功能一般分为实用功能和精神功能。产品实用功能调研过程主要是工业设计师撇开精神层面的功能，单纯对物质层面的实用功能进行分析的过程。产品实用功能指产品实用性方面的主要功能和辅助功能。产品实用功能调研可以通过实际操作产品来实现。在改良设计现有产品时，最简单的办法就是研读产品说明书，并且按照说明书的指示把产品的每一项功能都操作一遍，亲身体验每一项功能的实际使用价值，结合市场调研和用户需求调研有关产品功能方面的建议以及同类产品实用功能的对比分析，对产品实用功能作出科学的评估和规划。在大家熟悉使用功能时，必须记录下尽可能多的同学熟练操作产品的动作过程，以便后期进行人机分析（产品解剖测绘结束后，一般就再难还魂了）。

（2）产品工作原理调研。产品工作原理是指产品为了实现其实用功能而采取的方式和方法。对产品工作原理特性的了解，不仅仅是一种知识的掌握，更重要的是要能在产品设计中对此加以利用，充分发挥产品的实用功能。如果对产品工作原理特性了解不充分，会忽略掉产品的一些辅助性实用功能。工业设计师不可能掌握所有的科学技术知识，但是合格的工业设计专业传授的工程基础知识和技能，足可以使学生与各类专业技术人员进行必要的沟通，了解产品基本的工作原理。工业设计师了解工作原理的途径很多。

① 阅读产品说明书。设计一个产品时，要了解其大概工作原理，最便捷的途径就是阅读产品说明书。有的产品说明书除了对产品实用功能和操作维护方法作详细说明之外，

还会对其产品的工作原理做简单的介绍。

② 实物解剖。实物解剖法是我们了解产品工作原理最直接、最准确的方法。对实物进行解剖不代表对实物进行破坏，本着从外到内、从简单到复杂的原则依次进行。

③ 技术查新。通过去图书馆（或情报中心等）对传统技术和现有国内外专利技术的工作原理进行较全面的检索。

④ 咨询专家。咨询专家的方法，可以帮助我们弥补专业知识上的不足，同时在后期的工作原理的设计上，专家们的看法具有很重要的参考价值。

⑤ 参看其他产品。有时候我们不方便对产品进行解剖，不妨参考一下同类或者相似的产品，间接地了解产品的工作原理。

（3）产品结构调研。产品结构是信息控制、能量转换和动力传输的物质载体，是产品实现功能的物质基础。功能是产品系统设计的目的，而结构是产品功能的承担者。按照预定的功能和相应的工作原理，采用合理的结构组织方式，方能实现产品的使用价值。产品结构调研是产品技术调研的核心内容。如果说功能是系统与环境的外部联系，那么结构就是系统内部诸要素的联系。

首先，通过查阅产品说明书和同类产品的相关图纸资料，全面了解产品零部件之间的逻辑关系（装配程序）。其次，大家按照产品装配程序，分工测绘产品零部件图，绘制产品三视图和总装图，对产品建立全面的理性和感性认识。测绘过程中，遇到不了解的或复杂部件，可以把它当作黑箱，采用测绘最大包容尺寸的原则，以功能模块标注（比如电机总成、电子控制总成等）。由于不同的人对技术了解深度不同，黑箱有大小之分。理论上，黑箱越小，未来造型设计的空间就越大。工业设计师测绘图尺寸标注不需要标尺寸公差，但是相互连接的零部件配合尺寸必须一致。总装图必须采用合适的剖面路径，多视图尽量多地展示内外零部件；剖面中无法显示的微小零部件必须局部剖视、放大比例展示。总装图零部件目录必须囊括产品所有零部件（相同零部件只需详细展示一个）。

2. 产品材料与工艺技术调研

在整个产品系统中，材料是人与产品进行沟通的中介物质，它既是内部机能的依附、保护和传播的客观性载体，又是人直观感知的社会性物质。产品集各种构件成形，是以一体化的构架把各个部件组合，对内固定各部件空间位置串联构成，对外施加外饰构件形成一体化外观，以什么样的材质构成这种中介体，直接影响着产品的功能实现和价值的体现。由于材质选择的不同，其加工工艺也会随之变化。在整个产品系统中，对材料和加工工艺的选择必须要考虑产品的功能、造型、使用环境、现有技术和成本等多方面因素。

在测绘产品的过程中，一方面要了解产品现用材料与工艺的合理性和不足，另一方面要调研相关材料与工艺创新的成果和同类产品材料与工艺创新运用的经验。在充分调研材料与工艺使用性能、工艺性能和经济性的基础上，形成建设性意见，为后续设计提供参考。

典型案例——倒置显微镜造型设计的技术调研

1. 产品自身技术调研

（1）倒置显微镜的工作原理。

显微镜的用途就是把近处的微小物体呈现出一个放大的像，使人肉眼可以观察。通过物镜和目镜的组合作用，显微镜可以具有更高的放大率。光学显微镜的具体成像原理如下：

根据凸透镜成像规律，物体位于物镜前方，调节物体与物镜的相对位置，使物体处于物镜凸透镜的一倍焦距与两倍焦距之间，物体发出的光线经过物镜凸透镜以后，呈现出倒立的放大的实像*A'B'*。此时，实像*A'B'*位于目镜凸透镜一倍焦距范围内，实像*A'B'*发出的光线再经过目镜系统后再次放大成虚像*A''B''*，最终人眼观察到的像是分别被物镜和目镜放大两次的虚像*A''B''*。如图4-23所示。

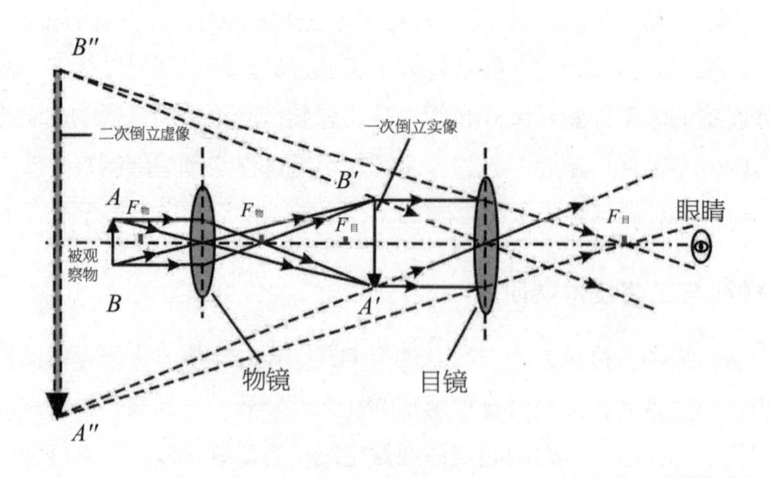

图4-23 倒置显微镜成像原理图

（2）倒置显微镜的重要功能模块分解。

倒置显微镜主要由3部分构成：光学系统、照明系统和机械系统，如图4-24所示。

① 光学系统：由物镜、目镜、反光镜、棱镜、滤色玻璃等光学元件组成，是显微镜光学成像的核心系统，是衡量显微镜性能的重要部分。其功能是将微观物体放大至肉眼可分辨的程度。以一款倒置金相显微镜产品为例，如图4-25所示，蓝色部分即为倒置显微镜光学系统成像的光路图。

② 照明系统：包括光源、聚光镜、光圈等部件。其主要功能是照亮被观测物体。

③ 机械系统：使光学系统中的光学与照明系统中的部件按要求定位于相应位置并固定被观测的材料，使之观察方便。该部分是显微镜造型设计和结构设计的主要切入点。

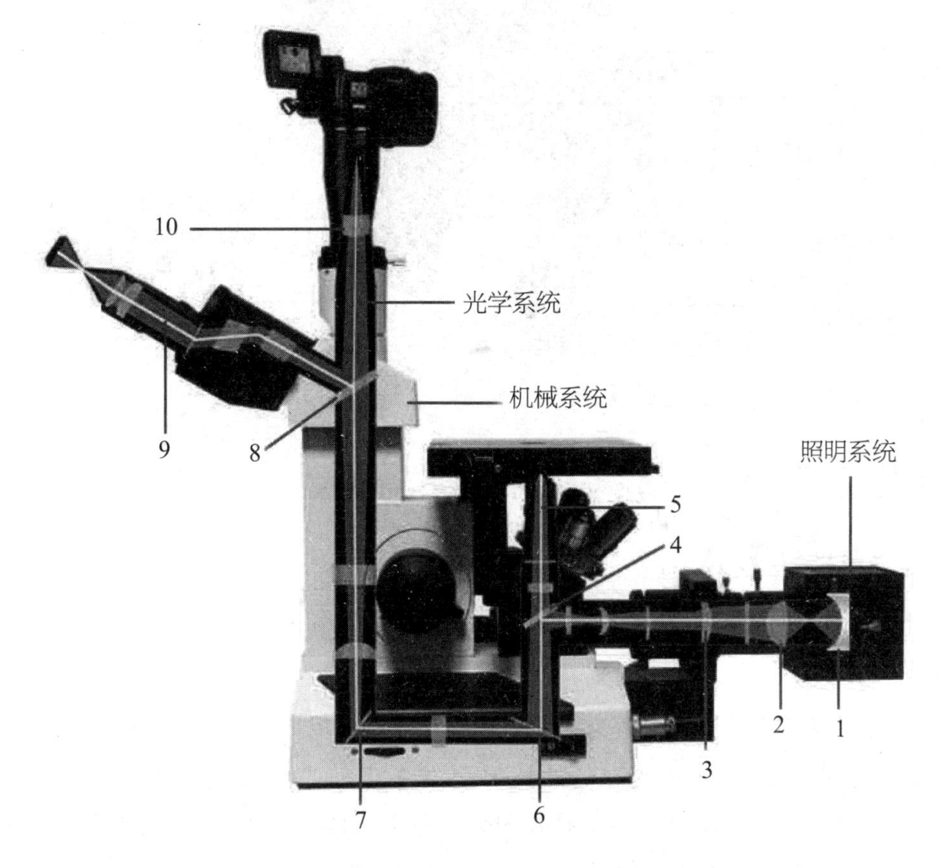

图4-24　倒置显微镜各模块及光学零件图

1—光源（卤素灯）；2—聚光镜；3—管镜；4—反射滤色块；

5—物镜；6～8—反光镜；9—目镜；10—图像采集接口

倒置显微镜各个零部件及其功能简介见图4-25（以徕卡倒置显微镜DMI 5000 M为例），投射支架为倒置生物显微镜配备；作为倒置金相显微镜使用时，不含投射支架。

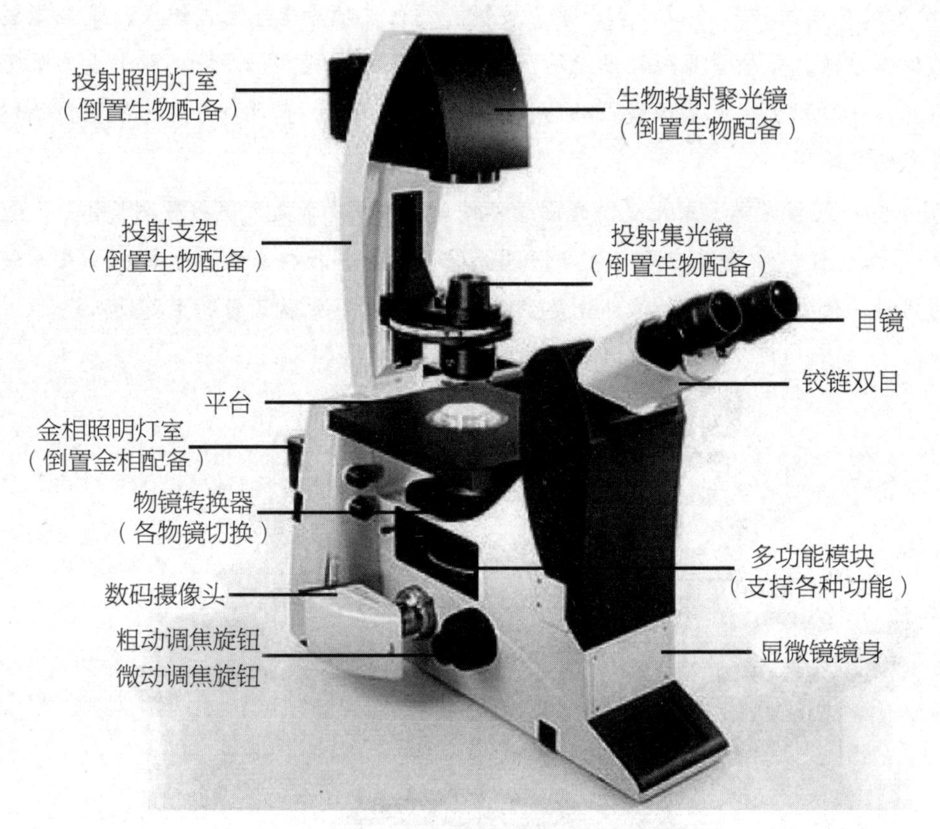

图4-25 倒置显微镜各零部件及其功能简介

2. 产品材料与工艺技术调研

普通倒置显微镜主要由光学系统、照明系统和机械系统三部分构成，各系统中包含的零部件都有所不同。

（1）光学系统中的零件主要为光学元件，材料为玻璃。熔融玻璃材料压制成型后，成为块状。通过机械加工为成品，主要机械加工工艺为磨削、抛光等。

（2）照明系统中的零件以钣金件和塑料件为主。钣金件的材料以SUS304不锈钢为主，主要加工工艺为金属塑性加工，如冲压、弯折、裁切等。塑料件的材料为聚苯硫醚（PPS），该材料耐高温、热稳定性好，适用于照明系统局部高温的工作环境。聚苯硫醚主要成型工艺为注塑成型，注塑件的浇口等局部部位经机械加工后使用。

（3）机械系统中的零件主要为金属零件，其中以压铸件和金属切削加工件（即金工件）为主。压铸件的成型工艺主要以压力铸造为主、砂型铸造等为辅；金工零件的成型工艺主要以数控切削加工为主，辅之传统机床切削加工。相较于传统切削，数控切削自动化程度较高、生产效率高，但是由于程序编写、装夹等所需时间较长，所以适用于大批量生产。数控切削主要有数控铣削、数控车削、数控磨削等；传统切削主要有车削、铣削、磨削、钻孔、刨削等。

倒置显微镜各零件材料与加工工艺见表4-3。

表4-3 倒置显微镜各零件材料与加工工艺

名称	材料	所属模块	加工工艺
压铸件	6061铝	机械系统	压力铸造、数控加工
金工件	6061铝	机械系统	数控加工、传统切削加工
塑料罩壳	ABS+PC	机械系统	注塑成型、机械加工
光学元件	玻璃	光学系统	压制成型、磨削、抛光等
钣金件	SUS304不锈钢	照明系统	冲压、弯折、裁切等
金工件	Hpb59-1铜	机械系统	数控切削加工、传统切削加工

结论

对倒置显微镜进行技术调研后了解到，倒置显微镜可以结合金相、生物、偏光、荧光显微镜功能于一体。倒置显微镜内部结构比较复杂，主要包括光学系统、照明系统和机械系统三大系统。三大系统中各自的功能模块种类也较多，因此，在对倒置显微镜进行设计时，在保证充分实现其功能的基础上，考虑各模块之间的兼容性和协调性，保证各模块之间的正常运转、互不干涉。以倒置显微镜机械系统为关注点，对倒置显微镜外观设计和结构设计进行创新。

四、产品人机环境调研

产品人机环境调研就是产品人机工程调研，要求设计者了解消费者使用产品过程中的真实感受，结合同类产品人机环境关系的优缺点，形成充分的感性和理性认识，避免后续设计再犯同样的错误。产品人机环境调研最简单的手段就是研读产品说明书，并且按照说明书的指示把产品的每一项功能都操作一遍，亲身体验每一项功能的使用感受。在这个过程完成后，接下来要做的就是扩大体验范围，邀请大量的体验者来做产品体验，或者通过用户问卷调查、观察身边的使用者等多种途径，记录下他们的体验感受以及对产品人机界面需要改善的建议，最后得出产品人机环境评估报告。

1. 产品人机环境系统调研

产品人机环境系统调研首先必须从宏观层面，了解人、机和环境三者之间的关系，全面掌握三者之间信息、能量及物质的转换过程，关注产品生命周期生产、使用和报废全过程对环境的影响。

2. 产品人机系统调研

产品人机系统调研是人机环境调研的重点，是详细分析产品认知准确性和操控易用性、安全性和舒适性的必要过程，包含认知界面和操控界面两方面内容。随着产品智能化程度的提升，人机交互由传统的二维、三维向四维发展，人机交互设计已成为产品设计新增的重要内容。产品认知界面调研主要调研认知符号、界面设计和交互流程。产品操作界面调研需要测量操控部件的尺度、动态和人体力量、肌肉疲劳，结合用户需求调研中有关操控性能的诉求，寻求更加合理的解决方案。

典型案例——家庭植物种植机设计的人机环境调研

一、产品人机环境系统调研

1. 家庭植物种植机指示性分析

指示性是指对产品的操作做出明确的指示。在指示性的作用下，用户不需要对产品有太多的了解，就能知道产品的操作方式。特定的图形或者符号指示用户操作，这些符号的象征意义来源于用户生活体验中获得的操作经验，对于用户来说，几乎可以下意识判断。这些符号经过漫长的时间磨合，相对较为稳定。

操作装置需要通过特定的图形或者符号，指示产品的使用方法，让用户能够对其使用方法一目了然。这些操作装置指示来源于生活中对现有的产品所进行的反复操作。在用户重复成百上千次的操作后，对产品的某些部件形态产生了本能反应，形成了对这些符号象征意义的联系，几乎看到产品的形态就能通过直觉反映出该如何操作相应的装置。在用户的反应习惯形成后，逐渐在设计者和用户双方形成符号规则。生活中可以引起用户直觉操作的形态有很多，如表4-4 所示。

表4-4　产品操作装置指示

名称	旋钮	按键	轨道	凹槽	螺纹
图片示例					
对应操作	旋转	下按	抽拉	四指弯曲拉动	旋转契合
操作解释	无论是圆柱、圆球还是圆台，圆形总是能让人联想到旋转、转动。比如圆球状的门把手等	自从电器风靡世界，按键操作也随之诞生。信息时代电脑、手机等产品，更是让人对按键操作颇为熟悉	单条的轨道让人联想到顺着转道滑动；双轨道则让人想到抽拉的动作。如冰箱内置物板的取用等	为了方便人手操作，很多产品都在手放置的位置设计凹槽，提示用户手放置的位置，向身体拉动操作	螺纹不仅让人联想到旋转，同时，还有像匹配的阴阳螺纹互相契合，从而达到链接互通的作用

家庭植物种植机的各个操作装置也有其对应的操作方式，且可以通过与同类的产品（如：立柜式冰箱、电子产品操作屏等）进行类比，进而反映出产品的操作方式（表4-5）。

表4-5　家庭植物种植机各操作装置操作方式

操作装置	功能	操作方式
显示屏	显示运行状态	看
功能按键	功能操作	按

续表

操作装置	功能	操作方式
单开门	开关门	拉
观察窗	观察植物状态	看
营养液箱	盛放营养液	抽
控制箱	设备控制	拉

除了产品的形态外，产品的尺寸对用户使用产品时的直觉反应也有影响。同样的产品，不同部件所设计的垂直位置或者水平位置对装置的指示性也是不同的。同时，由于产品的尺寸多参考人机工程学，而人机工程学的数据多来源于用户体态的平均数据，用户在使用产品时，对照自己身体的部分尺寸，也能够从使用经验中摸索出正确的操作方式，在此，就产品的人机数据，对家庭植物种植机进行调查和研究。

为了使用户在操作过程中能够更加准确、合理，需要对用户的人体尺寸进行分析，并与产品尺寸进行比对，从而尽可能使用户的操作在舒适、安全的范围内。

2. 产品的功能

① 操作界面：形状、大小、位置、角度；

② 按键：位置、形态、大小、排布方式；

③ 显示：位置、色彩；

④ 发声孔、散热孔：位置、形状；

⑤ 品牌标志及辅助图形。

家庭植物种植机的产品功能要求如下：LED指示灯、散热孔（三组）、触摸液晶屏、按键（电源、功能键）、电源接口、侧开门（3扇）、抽拉式抽屉（三组）。这些操作界面的各个部件通过各自的形态特征，就能借助用户的使用经验，表达产品的功能（表4-6）。

除了静态的功能位置设计以外，还有在操作过程中，动态操作过程中产品的功能指示。这些符号的解读源自生活中其他产品的通用符号及其对应的操作方式，以其为原型，运用到产品造型的设计中，从而引导用户的操作思路和过程。

表4-6　产品形态特征及其功能

部件	功能语义	动作描述	形态特征
液晶屏	看	通过亮光吸引注意力，通过色彩变化了解操作状态	
按键	按	通过指尖触动操作相应功能，按键上有对应的符号提示其功能	
侧开门	拉	侧开门手槽，模仿立式冰柜开门方式，引导用户采用拉开门的方式	
抽屉	抽	抽拉用的手槽以及运动的轨道，提示用户其类似抽屉的功能，采取抽拉方式操作	

二、产品人机系统调研

1. 人机环境分析

在设计角度上，人机环境要满足协调、高效舒适、健康、安全、人性化、个性化等目标。在进行产品设计时，应充分考虑用户在使用过程中的场景，模拟使用的各种身体形态及其对应的人机尺寸，进一步指导产品的设计（图4-26）。

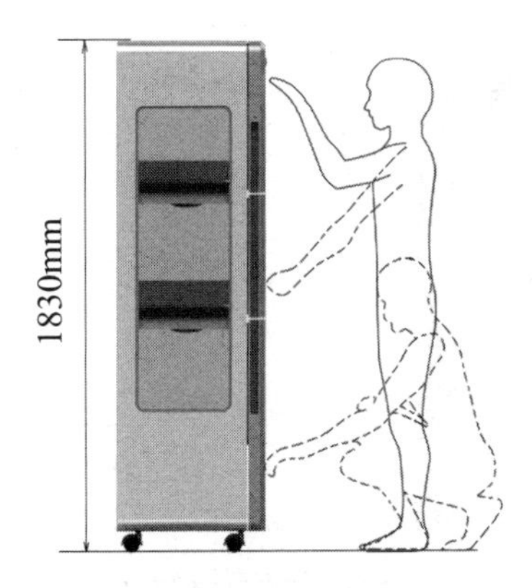

图4-26　家庭植物种植机人机环境尺寸对照图

2. 人机操作设计分析

为了使用户在操作过程中能够更加准确、合理，需要对用户的人体尺寸进行分析，并与产品尺寸进行比对，从而尽可能使用户的操作在舒适、安全的范围内。

（1）垂直方向尺寸分析

在高度设计上，要便于用户的观察、取用等各项操作；在每一层层高的分布上，也要注意其不同的操作体态。根据前期对产品指示性语义研究中，对人机尺寸的研究和分析，对产品的尺寸进行合理的设计。从图4-27中可以看出，产品的操作区域基本符合人体活动和操作的范围内。

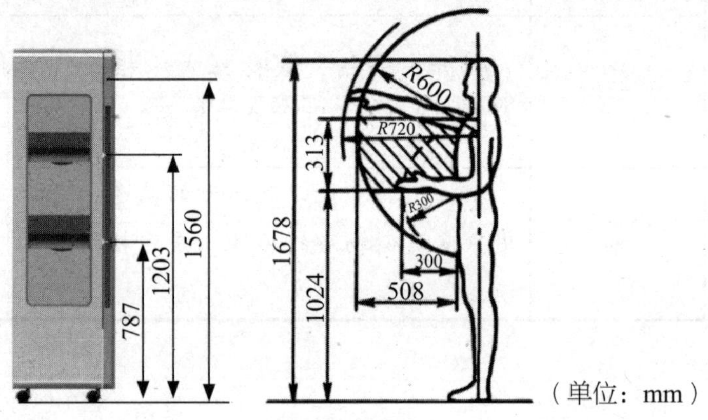

图4-27　人体垂直方向操作数据（一）

在地面往上400~1500mm范围内，为人体操作较为方便的区域，应将产品的操作范围控制在该高度区间内。其中，根据图4-28可以看出，距地面700~1300mm的区域为最方便区域。因此，需要频繁操作的部分应尽可能放在该高度。

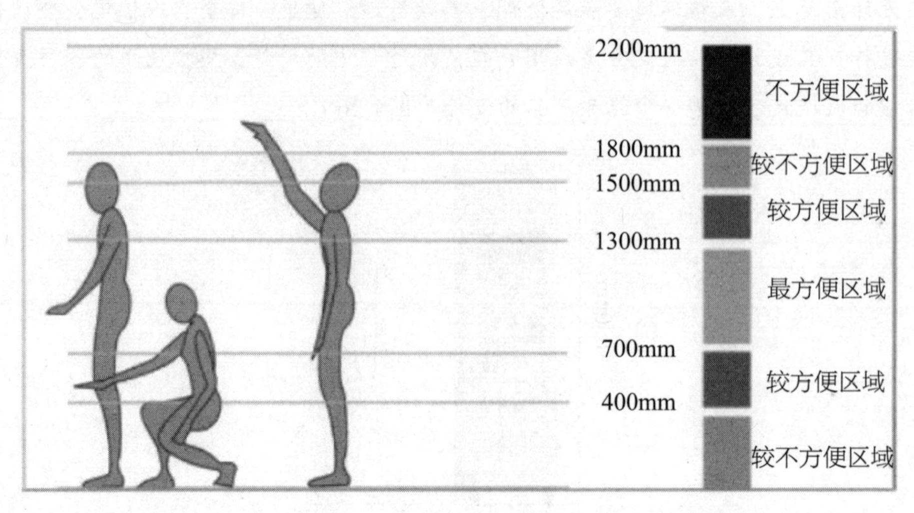

图4-28　人体垂直方向操作数据（二）

其次，从操作时的姿态考虑（以女性平均身高为例），垂直方向的操作空间可以分为五个区间。其中，最为方便的是距地面58.6~124.4cm之间，用户只需保持站姿，手可以任意取拿；在第二区间124.4~153cm之间，手需要举于肩膀的上方，相对较为吃力；第三区间需要前屈或下蹲取拿，这一过程增加了下蹲动作；第四区间在153~187.9cm之间，必须尽量伸手才能够到，存在视觉盲区，较为吃力；而第五区间需要完全下蹲才能取用，同样存在视觉盲区，是最为吃力的（图4-29）。

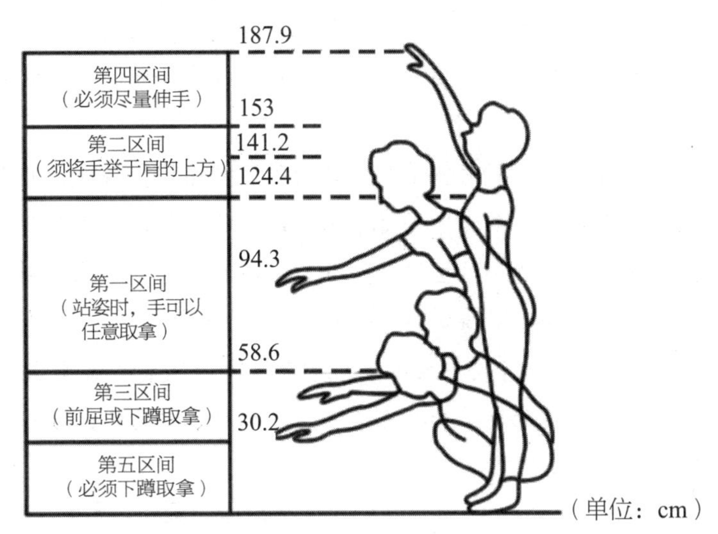

图4-29　人体垂直方向操作数据（三）

（2）水平方向尺寸分析

图4-30为水平面内手臂活动及手操作范围的描述，对于立姿工作和坐姿工作均合适，此图为中等身材中国成年男子的数据。对于家庭植物种植机通常置于靠墙的位置，且为了便于操作，其操作区域前需要有一定的操作空间，以方便用户进行各种操作。

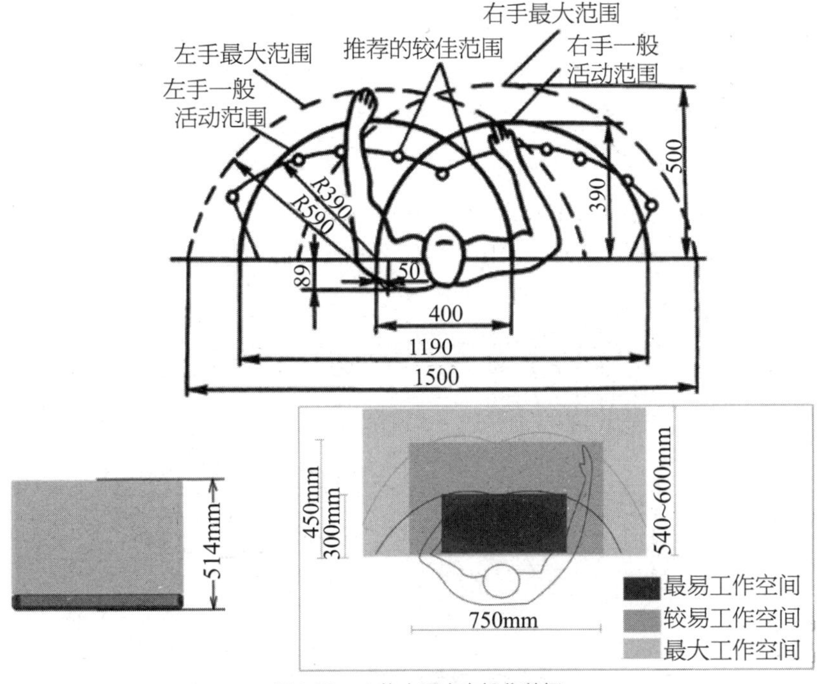

图4-30　人体水平方向操作数据

在水平尺寸的设计上，要考虑开关门的空间、取用蔬菜、取放抽盒时的活动空间。从尺寸的对比可以看出，家庭植物种植机设计可以基本设置在成人最合适的操作范围内。

（3）触屏操作分析

家庭植物种植机采用的是触屏按键操作，触屏操作通常使用食指操作。在设计触击按键大小时，应参考中国地区成人的人体手部尺寸，并做出合理的布局。在产品象征性语义分析中，对点的造型进行了分析，在此应充分考虑前期研究结果，按键的大小、颜色、布局以及按键上的特定符号都应考虑在内。

结合表4-7成年人手部尺寸数据，研究成年人手指及手腕的活动范围（图4-31），以及产品按键的大小和分布。家庭植物种植机的按键操作选择食指触屏操作，且屏幕按钮间尺寸如图4-32所示。

表4-7　成年人手部尺寸

测量项目	18～60岁男性							18～55岁女性						
百分位数	1	5	10	50	90	95	99	1	5	10	50	90	95	99
手长	164	170	173	183	193	196	202	154	159	161	171	180	183	189
手宽	78	76	77	82	87	89	91	67	70	71	76	80	82	84
食指长	60	63	64	69	74	76	79	57	60	61	66	71	72	76
食指近位指关节宽	17	18	18	19	20	21	21	15	16	16	17	18	19	20
食指原味指关节宽	14	15	15	16	17	18	19	13	14	14	15	16	16	17

（资料来源：国标《中国成年人人体尺寸》GB10000–88）

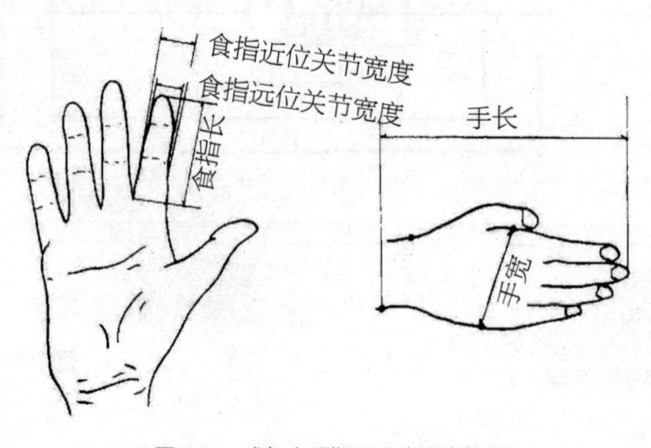

图4-31　成年人手指及手腕活动范围

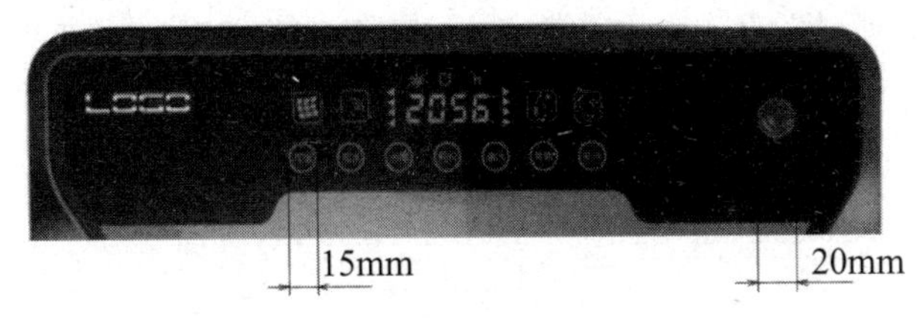

图4-32　屏幕按键尺寸

3. 操作界面分析

家庭植物种植机的操作主要分为：①程序设定操作及播种的过程；②摘下蔬菜的过程。前者是在垂直平面上的操作，后者是相对较为复杂的空间操作。该两部分操作应尽量安排于上部分所述的手所能触及的操作范围内，还要安排在人的视野更容易感知的部分。

程序设定部分通常由触摸屏实现。触摸屏的主要动作可以分解为眼睛看、上肢移动、手指触发。关于上肢的活动范围，上文已作说明，视线部分往往还要协同脖子的运动。

为了能从理论上更为准确地分析操作界面，将人视野范围也进行了研究。人处于放松状态时，视线落在水平视线下25°~35° 能更为舒适的观察事物。在观察的时候，头部、颈部也能配合人体进行观察，因此，还需计算人头部及颈部的运动。其活动范围如图4-33所示。

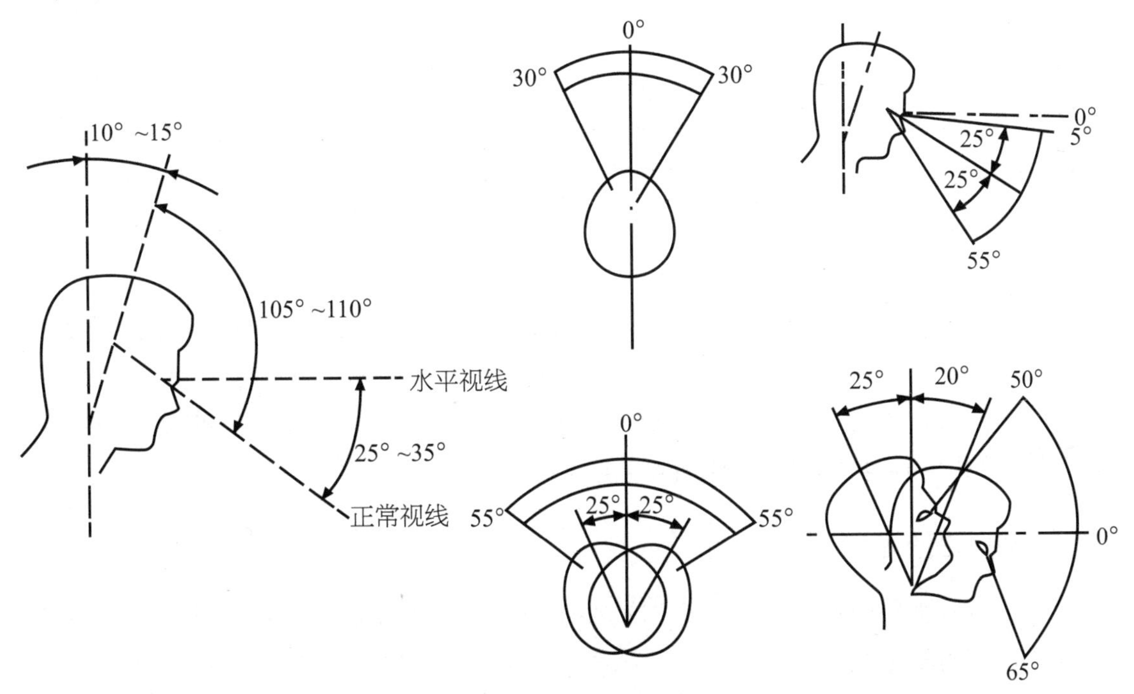

图4-33　成人头部及颈部活动范围

通过上述分析，可以发现，在水平方向上，人的最佳视野范围在两眼左右各25° 内；纵向的观察方向上，最佳视野范围以视平线为基准，自其下方15° 到其上方45° 之间。因此，家庭植物种植机在设计过程中，应尽可能将触摸屏等需要视觉观察的部件安置于该位置。

结论

家庭植物种植机是一种新型产品，用户在操作时难免会出现操作的困惑或者困难。设计产品的尺寸时，应充分考虑人体工程数据，让操作尽量都处于易于操作的区间内。产品在各个设计细节，尤其是操作界面，要充分考虑用户对操作动作的理解和习惯，使操作更安全、舒适、便捷。

五、产品造型规律调研

产品造型设计追求产品科学性与艺术性合理的结合，使产品实现实用功能的同时呈现审美功能。产品造型规律有两方面内容：一方面，产品造型设计必须符合形式美法则；另一方面，新产品未来投入市场必须符合届时目标人群的审美倾向。这是由美的客观性和相对性决定的。工业设计师都经过系统的造型艺术训练，很容易实现美的客观性。但是，美的相对性就要求设计师必须考虑审美的民族性、地域性和时效性。产品设计完稿之后，还要进行结构设计、工艺设计、生产制造过程，还有很长一段时间才能面市。产品设计完稿以什么样的造型美才能保证产品未来投入市场正好符合大众的口味，往往被大家忽视。通常情况是设计方案一出来受到大家的一致好评，产品面市时却已经是落伍守旧了。因此，我们必须了解产品造型发展规律，由规律预测生产周期过后会流行什么样的造型。探索规律的方法很多，单一的方法都很难证明规律的客观性。大家都做过数学题，都知道如果采用不同的方法解题，结果一致就证明结果十有八九是对的。产品造型规律调研，建议采用树形图和切片图两种方法推导和验证产品造型规律。

1. 树形图分析

产品造型规律树形图分析法：以时间为横坐标，以产品工业设计要素为纵坐标，把不同时期流行的典型产品的图片都摆到坐标系中，按设计要素的变化调整高度，发掘造型规律。具体步骤如下：

① 图片按分析因子排列。分析因子为工业设计基本要素，即功能、材料、结构、人机和形态，充分体现产品造型体现功能美、技术美、人机美和形式美。

② 图片分类展示。按照各项分析因子针对产品的不同时段进行分析，用图展示出来。把产品发展的时间作为横坐标，把分析因子作为纵坐标。在收集的产品图片资料中，选择典型产品，安在合适的坐标点上。

③ 演绎推理。根据相应的图示，分析产品造型各元素变化的规律，结合其他调查结果，推测未来流行的趋势和具体时间。

④ 完善产品造型规律展示图［例如，木梳树形图（图4-34）］。

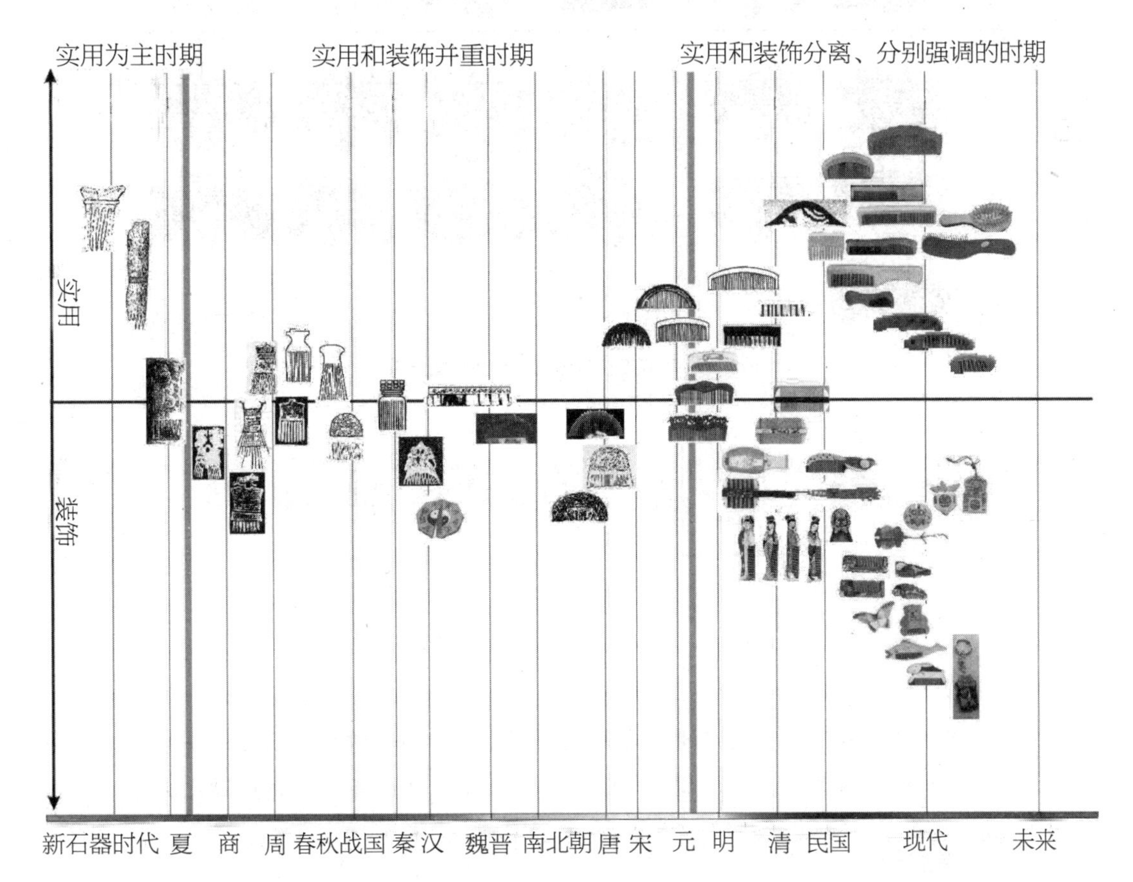

图4-34　木梳树形图

2. 切片图分析

产品造型规律调研切片图分析法：相对树形图而言，把市场上正在销售的产品图片尽可能全面地收集起来，按不同的造型风格通过十字图，一层一层地逐项分析产品造型要素，就像在显微镜下对某个组织的切片，进行逐层分析一样，因此，借用生物学术语命名该方法。根据所列产品的销售情况，判断产品造型趋势（图4-35）。

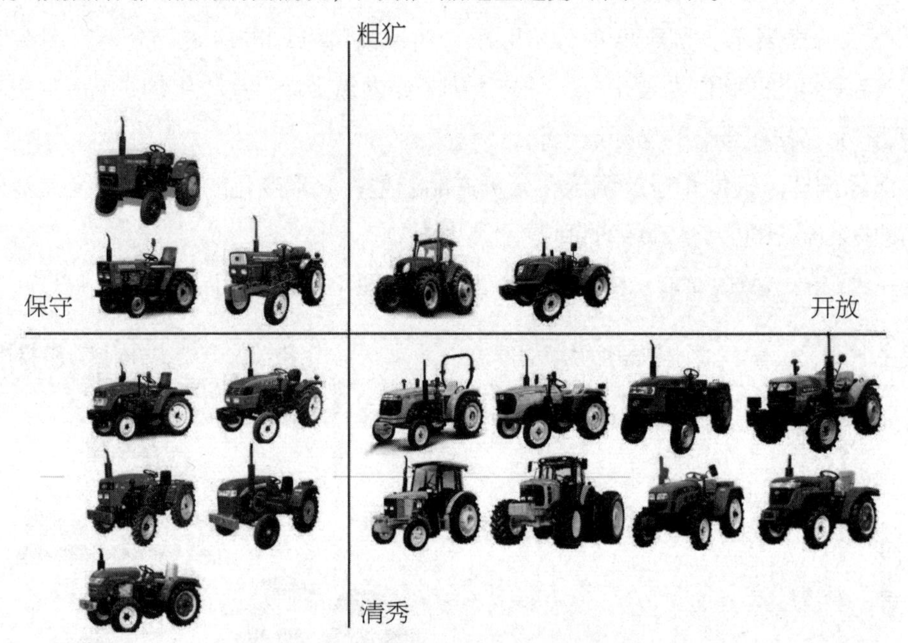

图4-35　轮式拖拉机造型风格切片图分析

典型案例——水平定向钻机造型设计的造型规律调研

一、产品造型元素分析

水平定向钻机主要由锚固装置、钻杆夹持器、动力站、操作台、动力头、行走机构等部件组成。从整体上分析，机身与操作台的关系大体可分为开放的硬朗型、半开放的圆润型、封闭的简约型。随着托力与扭矩的不断增加，造型也就由开放式向封闭式变化。

1. 开放硬朗型

开放式钻机的操作台简单，裸露于外部，操作台的设计也很少考虑到人体工程学。整体造型的设计是根据钻机内部结构而定的，这样的钻机主要存在于发展早期的钻机设计中以及小型的钻机中。此类造型外形方正，在早期的钻机中还是很常见的，主要采用金属材料，造型刚硬、棱角分明，边角过渡接近直角。颜色方面比较单一。这类硬朗类钻机的显性特征给用户带来一种扎实、可靠、耐用的心理感受。但是这种造型变化较少且机械感强，又会让人对产品产生距离感（图4-36）。

图4-36　硬朗型态的钻机

图片来源：徐工XZ3200水平定向钻机

2. 半开放圆润型

半开放式钻机是在开放式钻机的基础上整体造型有些变化，操作台增加了遮阳等附加设施，设计更人性化。这种钻机存在于发展中期以及中小型钻机中。

此类钻机外形圆润，倒角较大，面与面之间过渡柔和。对传统的方正造型加以改动，流线型和创新形式的应用，使造型变得生动活泼。这类形态钻机的显性特征会给用户带来良好的审美感受，使用户心理上产生愿意接近、愿意尝试的想法（图4-37）。

图4-37　圆润形态的钻机

3. 封闭简约型

封闭式钻机的操作台与钻机主体在整个设计中成为一个整体，由于大型钻机在工作时时间比较长，这就给用户体验提出更高的要求，这种设计主要存在于大型的钻机中。

此类钻机为了满足不同环境的需求，设计相对简洁。设计的重心主要放在了功能方面，外观结合了开放式硬朗形态给人的专业设备感，同时在人机方面也参考了半开放式的圆润感，用曲线营造块面，面与面之间过渡柔和，给人容易亲近、操作简单的直观感受（图4-38）。

图4-38 封闭简约型态的钻机

图片来源：德威土行孙DDW-4015AT水平定向钻机

二、产品的造型发展趋势

水平定向钻机的发展趋势可以从两方面来研究：一是，随着时间推移的钻机造型趋势分析——树形图分析法；二是，目前市场上钻机的造型趋势分析——切片图分析法。

1. 树形图分析钻机造型趋势

分析钻机造型的发展变化的过程，可以预测出未来造型的一个大概趋势。从如图4-39所示的钻机的造型风格演变过程可以看出：由于技术不成熟，早期钻机体积较大、外形方正，没有任何装饰，外观看起来比较呆板；2010年前后，钻机造型开始尝试一些倒圆角，色彩由单一色向多种颜色转变；近几年来，我国的钻机造型多以圆润、流线型为主（当然也有一些较为方正的造型，但其边角很圆润），色彩搭配较和谐，整体设计日趋成熟。

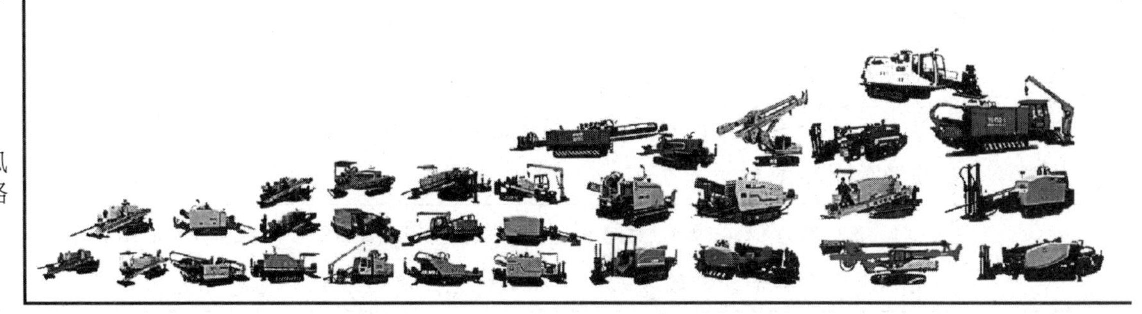

图4-39　钻机造型风格演变过程

2. 切片图分析钻机造型趋势

使用切片图分析法，罗列市场上现有同类钻机，以丰富与简洁、保守与开放两组造型风格来进行对比分析。

根据图4-40所示，可以看出造型简洁、开放的钻机受到用户的青睐。从造型比例、分割方式、线性风格等造型细节可以发现明显的趋向（表4-8）。

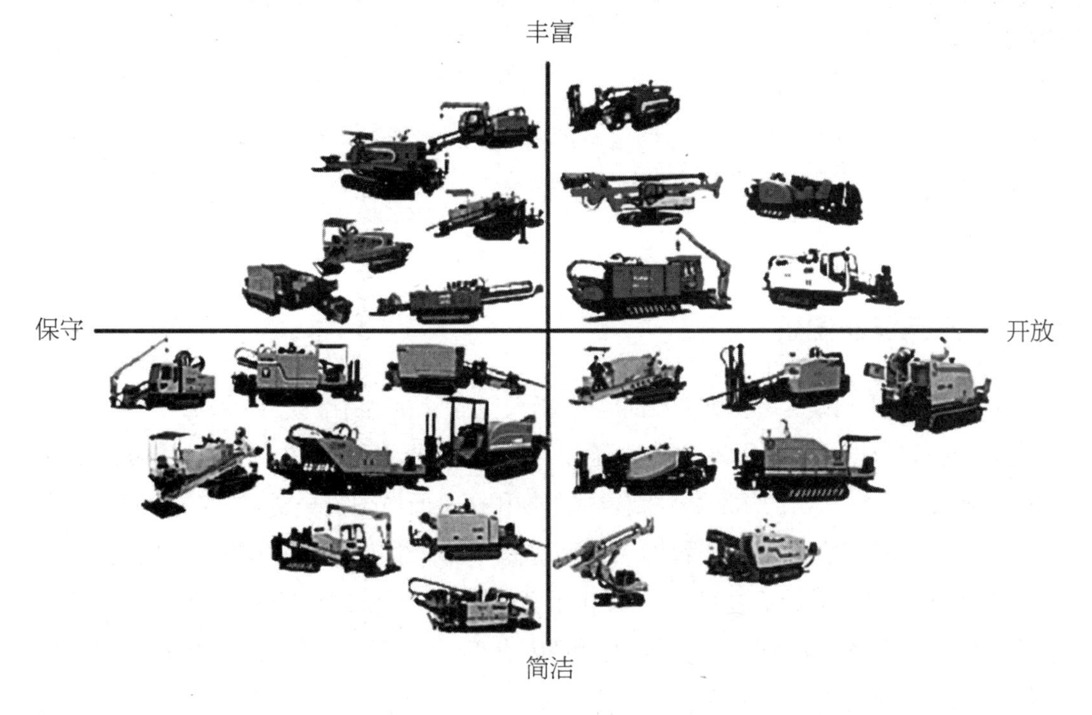

图4-40　钻机造型风格切片图分析

表4-8　造型细节演变趋势

造型细节	演变趋势
造型比例	产品的比例主要包括长、宽和高之间的比例搭配，产品的相邻的部件以及各个部件之间也存在比例等，合适的比例搭配能够从视觉上权衡产品的利弊关系
分割方式	分割线能够在视觉上起到很好的诱导作用，在工程机械产品上大部分都是实用水平分割的方式，产品从视觉上看起来会更稳定、更安全
线性风格	线性是消费者第一印象就能感觉到的，产品整体上给人硬朗还是柔和的形态特征往往都是在产品整体线条的运用上来体现的。无论是产品的整体上还是部件上的运用以及装饰色彩上的运用都会直接影响到产品的意象

总结

根据上述调研结果可以得出：目前市场上水平定向钻机的整体造型可以分为开放式、半开放式和封闭式。受动力结构形式的限制，造型可变的空间很少，钻机的外观多采用半开放式的造型。随着钻机市场的逐渐饱和，企业为了摆脱单调的造型，普遍接受大胆开放的造型风格。受加工工艺制造成本限制，往往采用曲率半径较小的曲面过渡，吻合简洁的造型趋势。

六、产品标准调研

产品标准调研，即产品市场准入规范的调研，是产品商品化的必要手段。

标准是标准化概念中最基本的概念。我国国家标准《标准化基本术语》（GB 3935.1—1983）中定义为：标准是对重复性事物和概念所作的统一规定。它以科学、技术和实践经验的综合成果为基础，经有关方面协商一致，由主管机构批准，以特定形式发布，作为共同遵守的准则和依据。标准有4个基本特性：标准对象的特定性；标准制定依据的科学性；标准本质特征的统一性；标准的法规特性。行业标准，顾名思义，就是这个行业共同遵守的标准。标准化不是工业设计的终结，恰恰是工业设计存在的基础。工业设计史已充分证实了这一点。

由于地域、国家、人种、文化、社会习俗的不同，行业标准具有明显的相对性。遵循以人为本的设计原则，产品标准调研要以目标市场的消费者为中心。例如，如果开发设计的产品销往美国，就必须重点调研美国相关的行业标准。

产品标准调研的常规途径主要有如下几种。

① 借助工具书。关于国家标准和行业标准的工具书在书店以及高校的图书馆都可以获得。

② 参考相关专业教材和行业杂志。《机械设计》《建筑设计》《人机工程学》等教材都有各自领域的基本标准介绍。行业杂志经常会发布本行业最新的行业规范和新标准。

③ 网络查询法。现在的网络是无所不能的，你想要什么基本上在互联网上都能查得到。提供以下几个可以查询的网址。

国内标准网

国家标准化协会：http://www.china-cas.org/

标准网：http://www.standardcn.com/

中国标准服务网：http://www.cssn.net.cn/index.jsp

国内行业标准化网站

中国通信信息网：http://www.catr.cn/

机械工业标准服务网：http://www.jb.ac.cn/

中国电子标准化与质量信息网：http://www.cesi.ac.cn/

国外部分标准化网站

欧洲标准化委员会：http://www.cenorm.be/

欧洲电工标准化委员会：http://www.cenelec.be/

美国机械工程师协会：http://www.cenelec.be/

日本工业技术院：http://www.aist.go.jp/

典型案例——儿童床造型设计的标准调研

1. 相关法律法规

2012年8月，儿童家具国家标准 GB 28007—2011《儿童家具通用技术条件》正式实施，规定了儿童家具的术语和定义、一般要求、安全要求、警示标识、试验方法、检验规则及标志、使用说明、包装、运输贮存等九部分内容。产品外观应符合表4-9的规定，儿童床的规范性引用文件见表4-10。

表4-9　产品外观要求

检验项目	要求
木制件外观	外表应无腐朽材，内表轻微腐朽面积不应超过零件面积的20%，虫蛀材应经杀虫处理，人造板部件的非交接面应进行封边或涂饰处理，表面应无鼓泡、龟裂、分层
塑料件外观	应无裂纹、变形
涂层外观	应无褪色、掉色
	不应有皱皮、发黏或漏漆

表4-10　儿童床规范性引用文件

国标标号	名称
GB/T 1931	木材含水率测定方法
GB 5296.6	消费品使用说明　第6部分：家具
GB 6675—2003	国家玩具安全技术规范
GB/T 17657—1999	人造板及饰面人造板理化性能试验方法
GB 18580	室内装饰装修材料人造板及其制品中甲醛释放限量
GB/T 22048	玩具及儿童用品
GB/T 24430.2	家用双层床安全　第2部分：试验
GB/T 10357	家具力学性能试验
GB/T 4893.8	家具表面漆膜耐磨性测定法

2. 相关法律法规调研小结

儿童床的设计、生产必须参照相关法律法规进行，产品在销售之前需相关部门检验合格之后方可上市。

七、产品定位

产品定位是在产品市场、技术、人机环境、消费者需求、造型规律、标准调研的基础上，通过科学理性的统计分析和演绎推理，确定新产品开发方向的过程。产品定位是后续设计的基础和出发点。

首先，汇总前面六大调研的小结。其次，分析六大调研结论的内在逻辑关系。部分调研结论相互之间肯定存在误差和冲突，必须重新审查调研程序的规范性，进一步修正和完善具体调研内容。在确认无误的情况下，分析各造型元素的权重，调整权重较小元素的定位，最终形成系统合理的产品定位文案。产品定位文案必须条理清晰、简洁明了，一般不超过200字。

典型案例——南京博物院文创产品设计的产品定位

1. 目标用户定位

产品用户以学龄儿童为主。

2. 功能定位

突出产品的实用功能，兼具人文审美效应。

3. 造型风格定位

从南京博物院馆藏文物造型元素出发，提炼文化符号，整合创意到产品造型中。产品整体造型风格简洁、明快，有一定的装饰艺术性。

4. 材料工艺定位

以自然材料为主，将传统手工艺与现代工艺结合。

5. 人机定位

产品体积不宜太大，应便携易用；避免尖锐的造型，安全舒适。

第五章　产品方案设计

产品方案设计是在产品概念设计完成的基础上，根据已制定的产品定位而进行的具体产品形象设计。实施过程就是把造型、色彩、结构、人机、材料等造型元素，按一定的技术路线进行重组，赋予产品新的创意属性。产品方案构思推进一般采用“三三三”推进法。“三三三”构思推进法是在大量产品设计教学与科研实践的基础上，总结出来的经验方法，符合创新思维和工程管理的一般规律。把产品方案设计过程分成三个阶段——方案创意、创意延伸和创意验证。每个阶段时间大致相同。总体时间往往由设计任务具体情况确定，短的24小时，长的1个月以上。

受课时限制，产品方案设计教学过程一般以9天为限：①第1~3天——一期方案设计，方案创意阶段；②第4~6天——二期方案设计，创意延伸阶段；③第7~9天——三期方案设计，创意验证阶段。

为确保方案设计的效率和评审的公正性，建议产品方案表达采用同一视角、同一视高和同一比例。小组成员在A3或A4纸上统一绘制产品基本轮廓图，随后所有方案都在基本轮廓图的拷贝纸上描绘。手绘过程建议直接用水笔、马克笔等不能涂改的笔，不能依赖橡皮，否则永远画不好效果图，很难得出有创意的方案。橡皮是艺术素描的塑形手段（徐悲鸿语），但不是设计速写的工具。

一、一期方案设计（第1~3天）

创意设计组成员基于产品定位，关注产品整体形态的意象和风格，采用头脑风暴方式的相互激荡思维，3天内尽可能多地完成创意草图。第3天例会，模拟产品开发组（包括造型、技术、销售等）讨论初步方案，确定三个设计方向。设计方向一般以过去、现在和未来三类划分。

过去类方案是指现在热销的产品造型风格在产品生产周期过后已成为过去流行的方案。现在类方案是指现在较为时尚的产品造型风格在产品生产周期过后已成为热销的方案。未来类方案是指现在较为前卫的产品造型风格在产品生产周期过后已成为时尚的方案。三类方案受产品行业、消费动态、企业品牌效应、委托方主旨意见等因素影响，没有绝对优劣之分。一线品牌企业一般倾向未来类方案，品牌附加价值足以应对全新产品大投入的风险；二线品牌企业倾向现在类方案，品牌附加价值能应对新产品较大投入的风险；其他品牌效应不强的企业倾向过去类方案，因为市场上有大量产能过剩、价格低廉的配件资源。

二、二期方案设计（第4~6天）

在一期选定三类方案的基础上，再分三小组，围绕各自选定的方案，整合其类落选方案的优点，采用形象逻辑推理，进一步延伸设计。按已有的设计方向构思三天，第6天例会，在三个设计方向各议定一个方案；对比分析三个方案的综合效用，确定一个后续推行方案。

该阶段主要运用形象逻辑推理法，把特殊文化形象、自然仿生形态、几何抽象形态等造型符号融入产品物质结构中。通常采用具象、抽象、渐变、夸张、变形和联想等图案技法，达到方案的成功率（图5-1）。

图5-1　形象逻辑推理法构思北京奥运会专用大巴

三、三期方案设计（第7~9天）

围绕二期选定方案，创意设计组所有成员继续深入完善产品方案的细节设计，对方案作细致的结构分析，人机分析，外观色彩分析和材料加工工艺分析，以确保方案的可实施性。第9天例会，按照产品定位要求评定最终方案。

此过程需要同时综合运用手绘、草模型、工程制图等技法来验证。一拨人绘制产品三视图、总装图；一拨人制作产品草模型；一拨人不断完善产品手绘效果图。从工程图纸中，发现产品形状与产品结构尺度不符，就必须修改效果图。草模型制作过程中，发现产品三维效果有问题、视觉感受与触觉感受有冲突，同样必须修改效果图。修改过的产品效果图，必须重新进行工程规范验证。

典型案例——点钞机造型设计的方案设计

1. 前期方案设计

围绕点钞机进行前期的市场调研、技术调研和用户调研，对人机和造型规律进行分析，结合行业规范及国家标准，描绘出产品的设计定位。在设计定位的基础上进行了头脑风暴，从多角度对造型进行发散性思考，形成了许多点钞机造型的草图方案。方案造型在考虑内部结构的同时，还加入貔貅的意象（图5-2）。

图5-2　貔貅形象示意图

貔貅只有嘴没有肛门，能够吞食世间万物而不进行排泄，对于吞入的事物都是有进无出，具有招财聚宝的良好寓意，人们家中经常放置一尊貔貅来满足大富大贵的心愿。这正符合点钞机的特征，检验钞票真伪，集纳大量钱财，与貔貅的特点相结合也使点钞机有了良好的寓意（图5-3）。

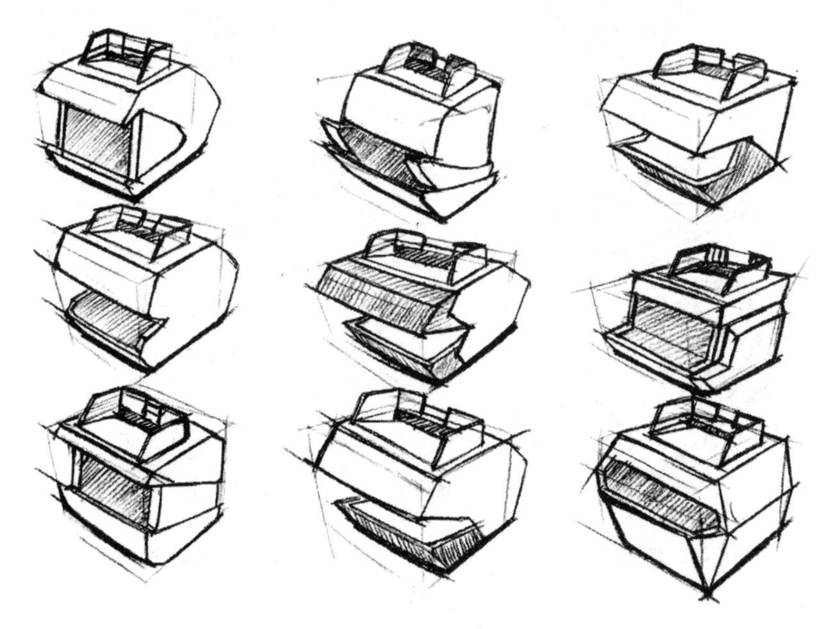

图5-3　意向演变图

对意向演变图进行总结和提炼，结合调研内容作出一些修改，如图5-4图5-9是前期的一些方案草图。

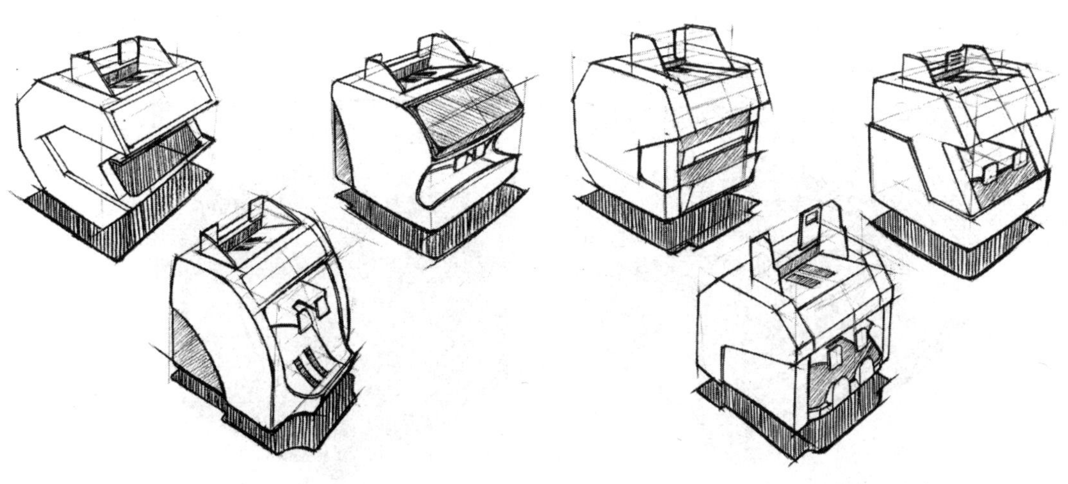

图5-4　初期草图方案a　　图5-5　初期草图方案b

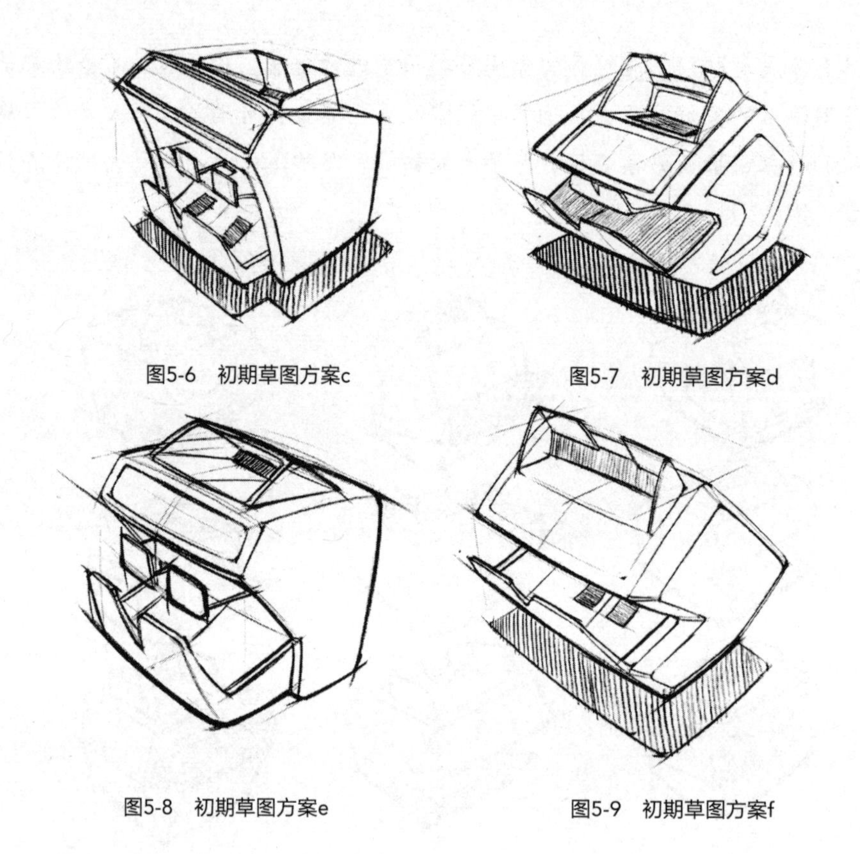

图5-6　初期草图方案c

图5-7　初期草图方案d

图5-8　初期草图方案e

图5-9　初期草图方案f

2. 中期方案设计

中期方案主要运用采集的灵感进行元素提炼，并对前期方案深化演变以及细化推导处理。选取一些重点方向，结合具体的实际问题，按照点钞机的造型趋势，对初期的草图进行改进，同时对一些细节方面进行更加深入的分析，使结构更加合理，造型更加流畅。图5-10～图5-16对前期的方案进行了一些提升。

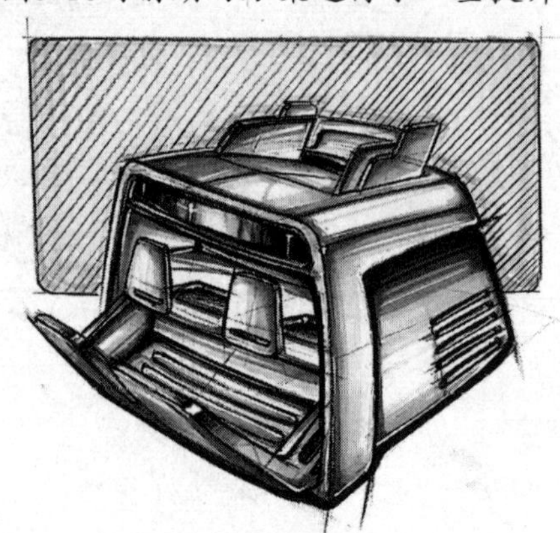

图5-10　切割形态方案a

图5-11　切割形态方案b

图5-10和图5-11的造型使用切割的手法，使点钞机的造型更有层次感，不会像传统点钞机那样趋于平面化，多个面的层叠还使点钞机的各个部分更加突出，不同的色块使功能的区分更加明显。

图5-12和图5-13的造型是回归极简的想法，在现今造型滥用线条的趋势下，摆脱线条的束缚，从最基础的立方体开始演变，通过大面积的留白使整个造型更加简洁，让人不会感受到繁杂和堆砌。配合功能区的颜色区分，整个造型简约而不简单。

图5-12 极简风格方案a

图5-13 极简风格方案b

图5-14和图5-15的造型设计则是更加突出功能区的地位。在构思时充分考虑入钞口、出钞口及退钞口的形状，左右两侧外壳配合结构作出相应的变化，在节省材料的同时也更能凸显点钞机的特点，让使用者对点钞机的功能有更加深入的认识。

以上遵循结构的造型演变体现了形式与功能的统一，点钞机的内部结构本身就富有一种韵律，外扩的形状的充满着粗犷与野性，而一般点钞机的造型直接将内部包起，压抑了本属于点钞机的那份张力，让使用者第一感觉就是一个死气沉沉的金融机具。图5-10～图5-16正是打破了这种固有的思维，并将出钞口的造型稍微夸张化，使整体更加生动、富有灵性，极具视觉冲击力。

图5-14 结构推演方案a

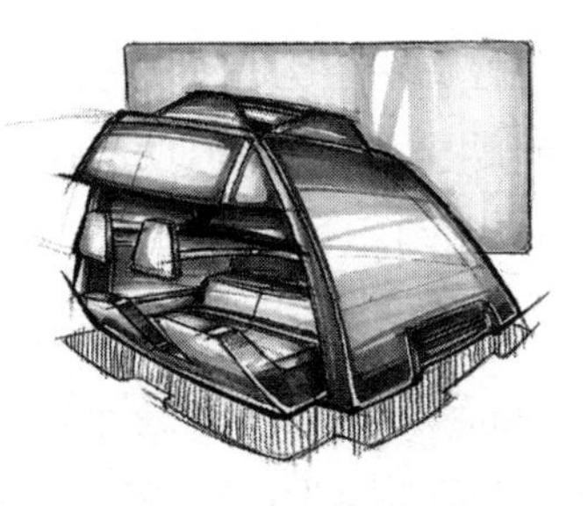

图5-15 结构推演方案b

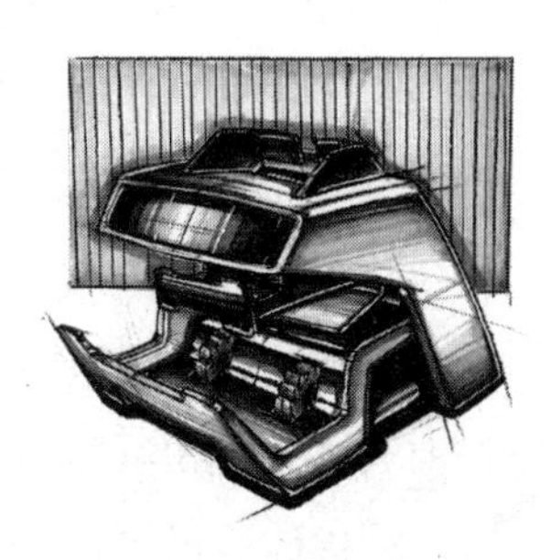

图5-16 结构推演方案c

3. 最终方案设计

经过多个方案的综合考量，结合对造型外观、人机工程、内部结构、表面材料、加工工艺等多方面的分析，选定对结构进行推演的方案进行深化，对细节进行进一步的设计。

最终方案的总体造型将内部结构与内涵意象都考虑在内（图5-17），将入钞口、退钞口、出钞口及两侧外壳与貔貅的形态完美融合，退钞、出钞挡口将貔貅的大嘴描绘到极致，入钞口的两块挡板也细致刻画了貔貅的双耳，既时尚也不失野性。

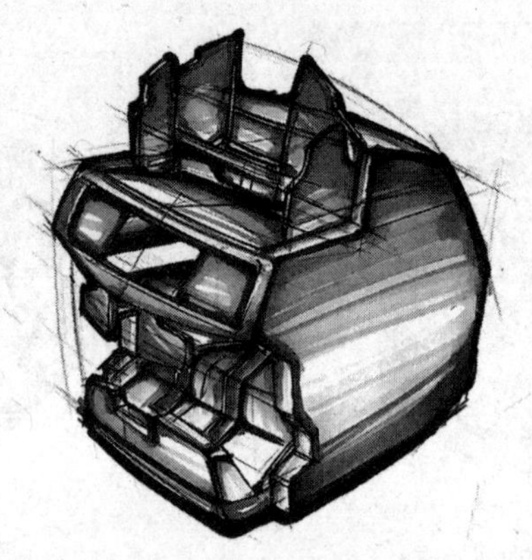

图5-17 最终方案

第六章 产品结构设计

产品结构设计是对前期选定产品造型方案按照机械工程设计规范对产品零部件进行规划设计，并进一步技术修正和完善的过程。结构设计虽然不是工业设计师的专业工作方向，但很难想象工业设计师不懂得基本结构设计方法，就能成功完成产品造型设计。另外，出色的结构设计可以为设计师提供更好的设计创意思路（图6-1）。产品结构设计内容为产品外观三视图、总装图和爆炸图。

目前结构设计的软件很多，常用CAD软件有AutoCAD、3Dmax、Rhino等，常用CAM软件有Pro/E 、Solid Works、UG等。CAD软件是计算机辅助设计软件，学习上手快。CAM软件是计算机辅助制造软件，可以缩短设计周期，大大提高设计与制造的协同性，对机械工程基础知识与技能要求较高；设计结果可以与数控机床联机加工，也可以一键成型爆炸图。现在很多高校对工业设计和产品设计专业学生只开设CAM软件课程教学，建议课外自学CAD软件。

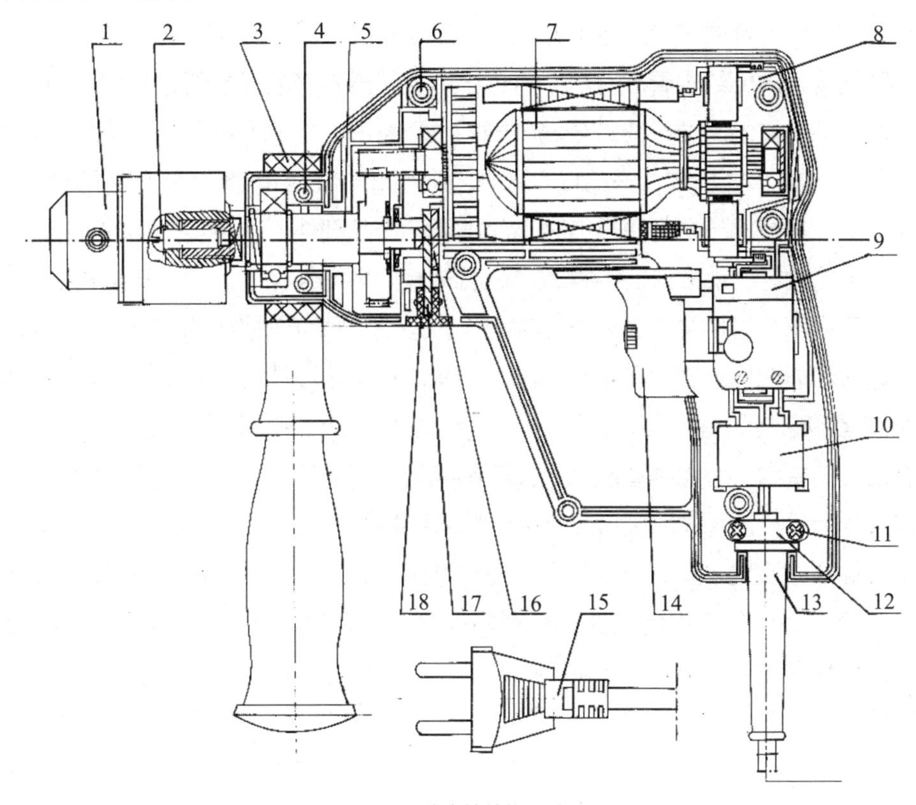

图6-1 冲击钻结构设计图

注：传统冲击钻推力和电动力方向不在同一直线上，操作不当产生的扭曲力常常会损伤钻头。把电动机设计在动力轴心线之上，既消除了扭曲力，又比较省力。

一、产品外观三视图

三视图能准确地表达产品外观实际尺寸和比例关系，并由此推敲产品造型的合理性。

工业设计师利用CAD绘制产品三视图，只需标注产品外观长宽高和局部形状显著变化部位的尺寸。

二、产品总装图

产品总装图是通过合理的剖面方式全面展示产品内部结构的视图。总装图反映产品零部件之间连接的逻辑关系，是工艺设计和维护便利性设计的参照依据；准确标注的产品零部件编号（零部件目录）和相关信息是后期材料与工艺分析和产品制造成本预算的线索。

产品总装图设计是依照产品造型方案对产品结构进行规划设计的核心工作。

把外部结构和内部结构看成有机的整体。能直接感知产品形态的是外部结构，内部结构往往涉及复杂的技术问题，而且分属不同领域和系统，呈现为不同的功能块或者是元器件，以不同的方式产生功效。产品内部技术性很强的核心功能部件是要进行专业化生产的，专业生产厂家或部门专门提供各种型号的系列产品部件。如果将产品的外部结构看成是“白箱”结构的话，那么核心结构就可以看成是“黑箱结构”。“白箱结构”即是与产品外观形态和内部构造相关的具有可知性结构，是设计师可以控制的部分，而黑箱结构则是将承担核心功能的技术原理黑箱化的部件结构。在结构设计的过程中，工业设计师应当充分了解“黑箱结构”输入与输出信息控制产品功能的机制以及其包容尺寸对“白箱结构”创新设计的制约。考虑制造成本：在不影响到外观的情况下，“黑箱结构”部件可用最小包容尺寸标示；该尺寸原则上应该大于现有结构的最大包容尺寸。

注意各种部件结构之间的组合关系（逻辑顺序）。产品结构一般具有层次性、有序性和稳定性的特点。产品结构层次性，是指根据产品复杂程度的不同，其结构可能包含零件、组件、部件等不同隶属程度的组合关系；产品结构有序性，是指产品的结构要使各种材料之间建立合理的联系，即按照一定的规律性、目的性组成；产品结构稳定性，是指产品作为一个有序的整体，无论处于静态或动态，其各种材料的相互作用都能保持一种平衡状态。因此，要把产品内部结构看成是一个有机系统。在系统论的指导下重视对结构之间的组合关系。在充分了解产品内部零部件关系的基础上，根据使用中对安全舒适性和效率的要求，调整产品零部件的逻辑顺序；根据成本效益及绿色制造的要求，缩短产品零部件的组合链。

关注产品维护便利性要求对产品结构设计的制约。产品维护包括两种情况：一种是专业人员对产品进行的保养或检修；另一种是使用者对其进行简单维护。专业维护是产品原理级的维护，拆装结构设计相对于普通使用者最好无法打开，专业维护人员使用专业工具才能开启。用户维护便利性结构设计是人机界面优化设计的重点，操作越简单越好。

三、产品爆炸图

产品爆炸图是直观显示产品零部件逻辑关系的视图，是产品安装、维护指导书的必要内容。现在Solid Works等CAM产品建模软件都能一键成型爆炸图。

典型案例——倒置显微镜造型设计的结构设计

1. 方案三视图

具体方案三视图如图6-2所示。

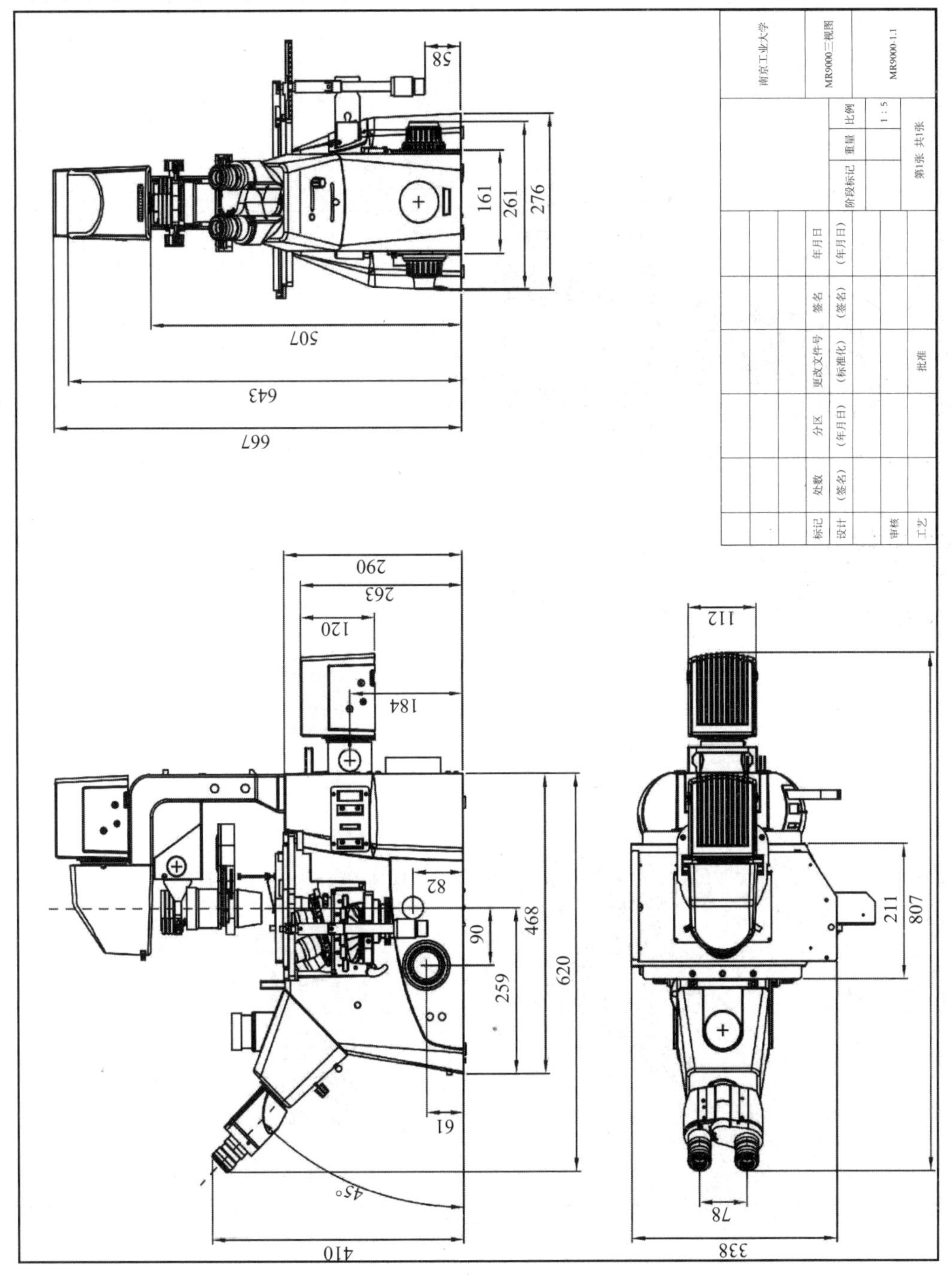

图6-2　方案三视图

2. 方案装配图

具体方案装配图如图6-3所示。

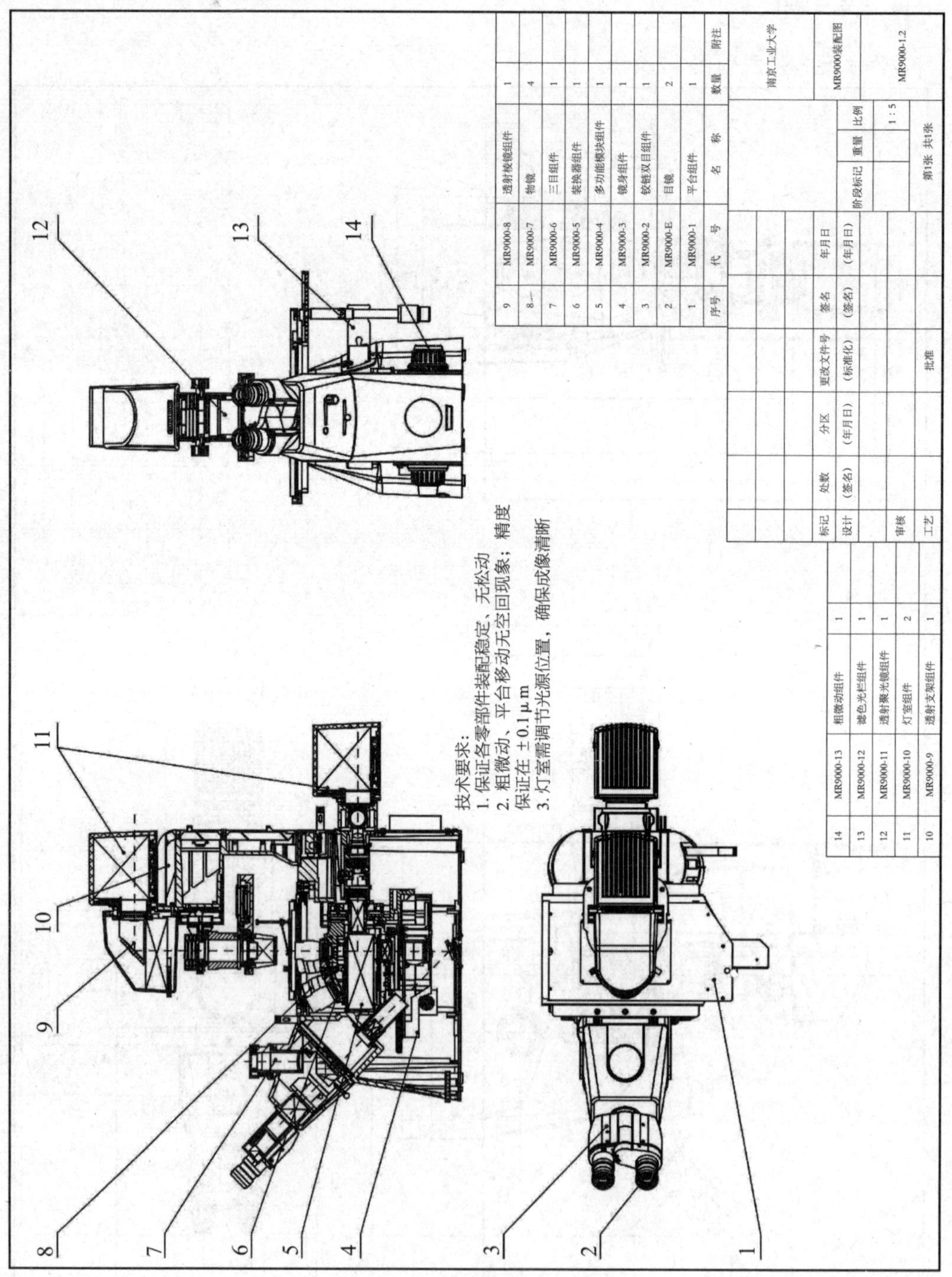

图6-3　方案装配图

3.方案结构图

具体方案结构如图6-4所示。

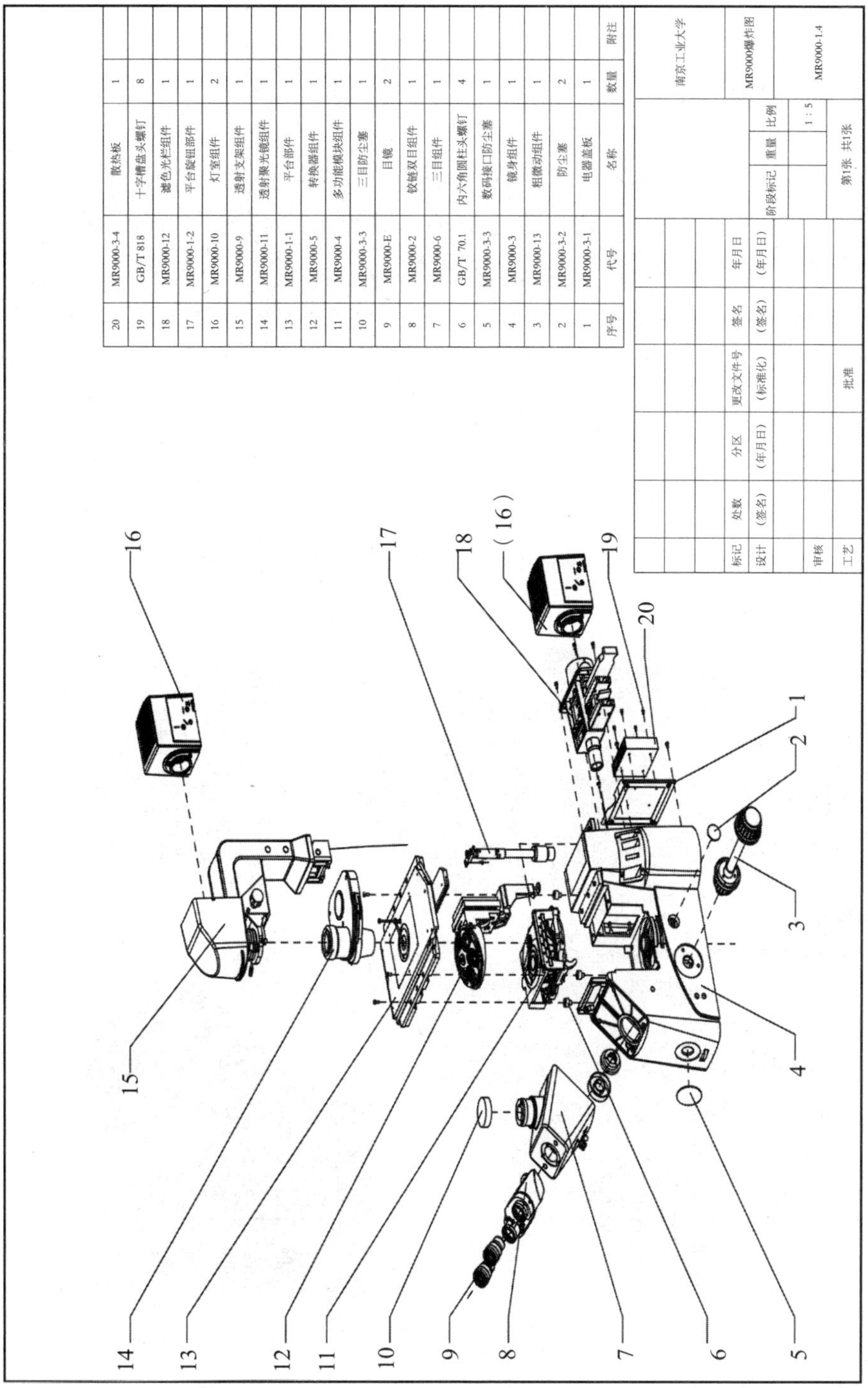
1
2
3
4
5
6
7
8
9
10
11
12
13
14
15
16
(16)
17
18
19
20
标记 处数 分区 更改文件号 签名 年月日
设计 (签名) (年月日) (标准化) (签名) (年月日)
审核
工艺 批准
阶段标记 重量 比例
1:5
第1张 共1张
南京工业大学
MR9000爆炸图
MR9000-1.4

序号	代号	名称	数量	附注
20	MR9000-3-4	散热板	1	
19	GB/T 818	十字槽盘头螺钉	8	
18	MR9000-12	滤色光栏组件	1	
17	MR9000-1-2	平台旋钮部件	1	
16	MR9000-10	灯室组件	2	
15	MR9000-9	透射支架组件	1	
14	MR9000-11	透射聚光镜组件	1	
13	MR9000-1-1	平台部件	1	
12	MR9000-5	转换器组件	1	
11	MR9000-4	多功能模块组件	1	
10	MR9000-3-3	三目防尘塞	1	
9	MR9000-E	目镜	2	
8	MR9000-2	铰链双目组件	1	
7	MR9000-6	三目组件	1	
6	GB/T 70.1	内六角圆柱头螺钉	4	
5	MR9000-3-3	数码接口防尘塞	1	
4	MR9000-3	镜身组件	1	
3	MR9000-13	粗微动组件	1	
2	MR9000-3-2	防尘塞	2	
1	MR9000-3-1	电器盖板	1	

图6-4　方案结构图

第七章　产品标识与色彩设计

一、产品标识设计

产品标识设计是产品造型设计不可或缺的重要环节，它不仅应具备外在形式美，还应有内在的功能性和象征性（即内在物质功能和精神功能的准确表达）。产品标识一般包括标志、品名、型号、使用标识、警示标识和厂名等。

产品标识设计是一个系统工程，不仅要考虑标志的形式美和意向美，还要考虑产品的施工工艺、产品的外观样式和生产商标、使用商标的关系等。如果仅仅考虑平面标志要素，往往进入形而上学的误区。产品标识必然会影响到产品的造型，必须考虑标识形状、色彩、肌理、大小、位置和整体美的关系，有时需要通过辅助的边际造型元素来协同与整体的关系。显示、操作和警示标识必须与操作件靠近，形式一一对应，在使用中能方便认读；标志和品名型号一般要在产品的醒目和空旷的部位，大小至少要足以让人一目了然；至于厂名、规格、铭牌等标示一般摆到产品较次要的部位（图7-1）。

图7-1　电子产品的标识部位

二、产品色彩设计

产品造型设计主要有产品形态设计和产品色彩设计两个方面。虽然产品色彩是依附于形体的，但是色彩比形体更容易引起人的注意。据实验表明，人们在看物体时，最初20秒内，色彩的成分占80%；2分钟后色彩占60%，形体占40%；5分钟后，色彩和形体各占50%，以后这种状态将持续下去。利用色彩的视认度，提高使用者对一些显示仪器、仪表和操作控制件的辨认和注意，从而使这些器件的功能得以充分发挥，并可减少生产事故和提高生产效率。此外，彩色涂层可以使其在恶劣环境中具有抗腐蚀、抗氧化、耐高温、防污、防锈、阻燃及绝缘等保护作用。

产品色彩设计过程中应注意以下几点。第一，产品色彩方案应符合产品的功能需要，在进行色彩设计时，必须首先考虑色彩与产品功能特点的统一，使人们加深对产品使用功能的理解，以便于其功能的发挥。第二，产品色彩方案应满足人机交互的要求。不同的色彩使人产生不同的心理感受，好的色彩设计能提高工作效率、保障安全、维护健康；不好的色彩设计，易使使用者产生沉闷、紧张、疲劳、萎靡不振的感觉而不利于工作。产品警示色标一般不宜过大，最好通过过渡底色或适当调和底色与整体色彩在对比中达到统一。第三，产品色彩方案应满足产品使用环境的要求。如：在北方寒冷地区使用的机床一般宜用暖色系（暖灰），以增强人们心理上的温暖感；在南方炎热地区使用的机床一般宜用冷色系（冷灰），或者是较鲜明的浅色，以中和气氛，使人有凉爽平静的感觉。第四，产品色彩方案应符合造型设计的形式美法则。产品色彩设计，除了要能显示色彩的各种基本功能之外，就是能发挥色彩的美感，其色彩的配置关系也应符合造型设计的形式美法则即对比与调和、均衡与稳定和比例与分割等。第五，要符合不同消费群体的审美需求。第六，满足企业形象对色彩的要求。企业形象识别系统在视觉识别规范中对企业标志和配色都有明确的要求。如何处理不能更改的产品警示标识色和企业标志与产品整体色彩的关系，也是设计的重点。标志色彩与底色必须遵守对比与统一的形式美法则；如果无法统一，则要通过加底色过渡和装饰线呼应等方式达到整体的协调性。

典型案例——倒置显微镜造型设计的色彩与标识设计

1. 产品标识设计

产品所有标识在产品外观的准确位置如图7-2所示。

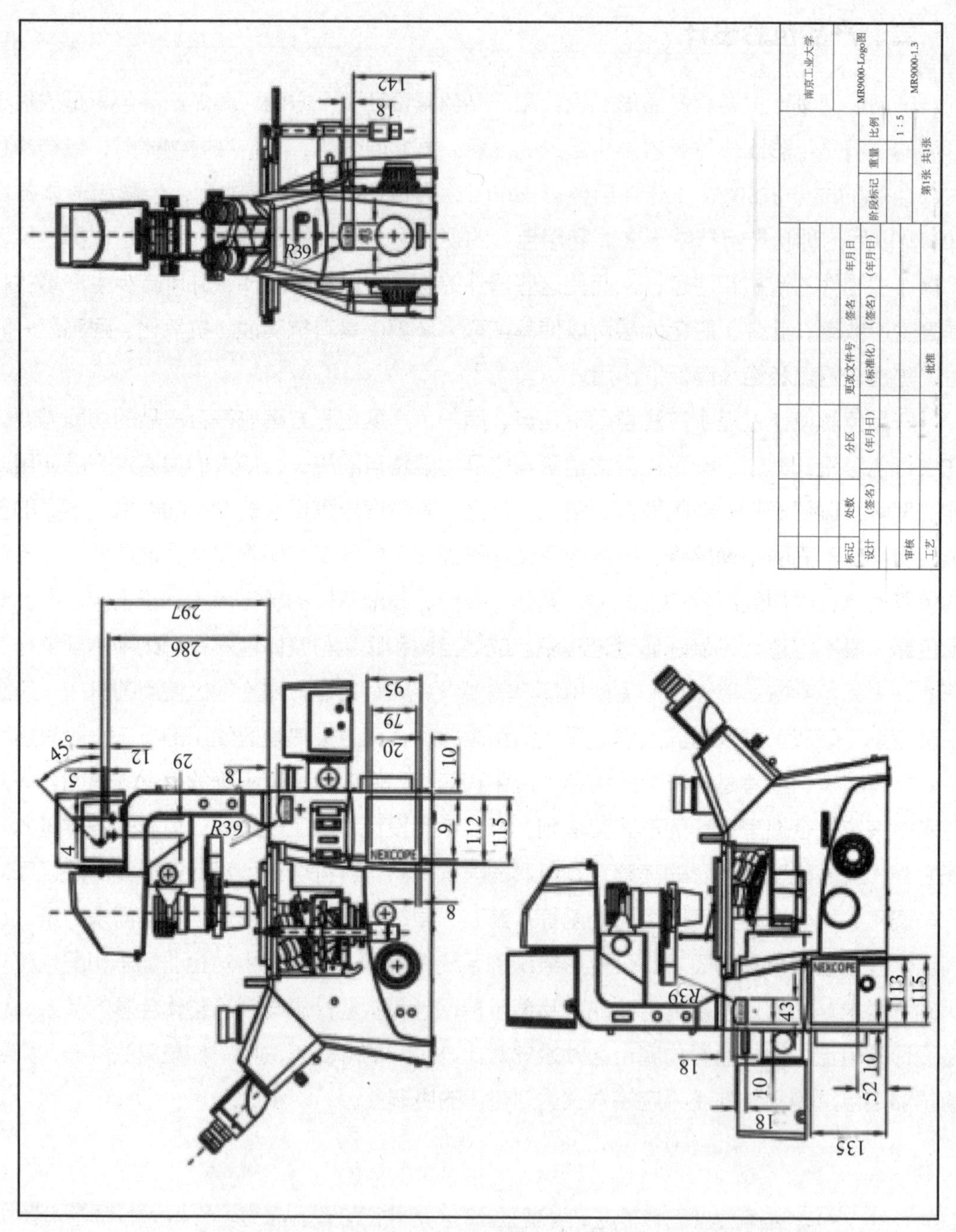

图7-2　标识位置尺寸图

2. 产品色彩设计

选用灰色、蓝色等冷色系的色彩可以给使用者平静、淡定的心理感受。由于该款产品通常置于实验室使用，在产品色彩设计时，主要使用黑色与灰白色系，辅之以蓝色、蓝紫色等色彩，这样能够与周围安静、素雅的环境协调地结合。具体产品的色彩及标识设计见图7-3、图7-4（色彩以潘通色号标注）。

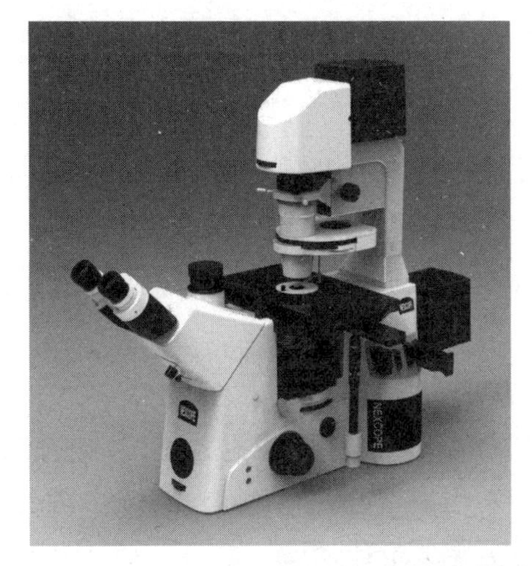

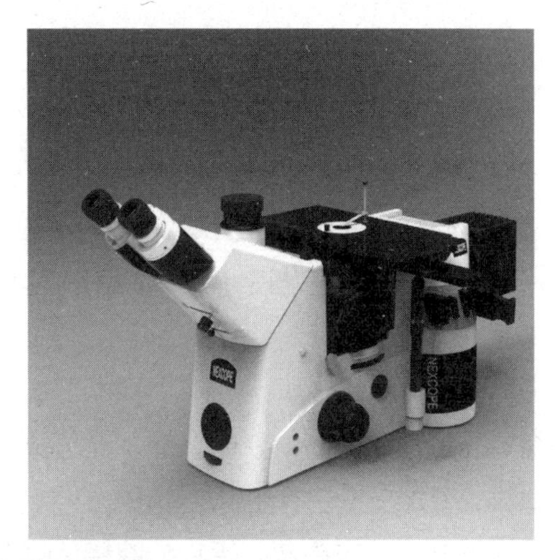

图7-3　方案色彩及标识设计a

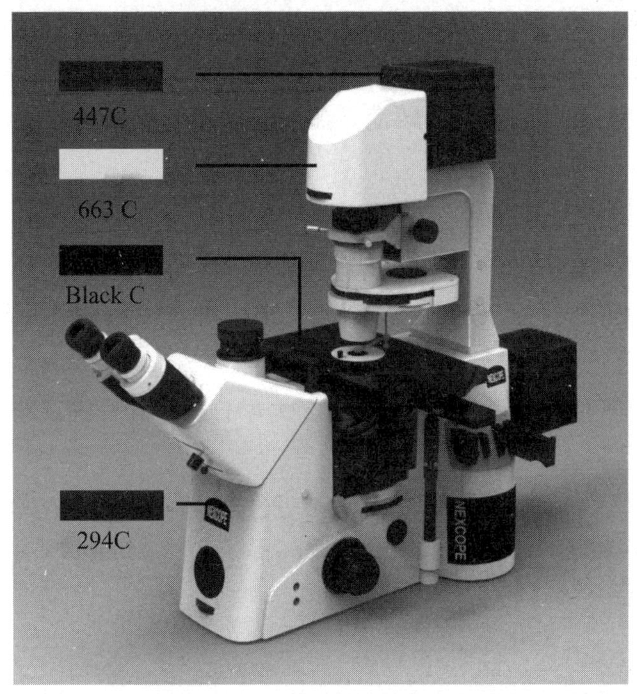

图7-4　方案色彩及标识设计b

第八章　产品材料与工艺设计

一、产品成型材料与工艺设计

一切机器、建筑、交通工具、生活用品等无不是由材料构成的；材料是工业设计的物质基础。不同材料的色彩、光泽、形态、成型工艺等各不相同，在产品造型中的应用也不同。产品造型材料与工艺设计就是依据产品功能和外观的需求，选择适当的材料和工艺来制造产品。

产品造型材料有金属、塑料、木材、陶瓷、玻璃、复合材料等。金属材料成型加工工艺有铸造、锻压、车、铣、刨、磨、镗、拉、铰、焊接、切割、数控加工、3D打印等；塑料材料成型加工工艺有注射、挤出、压制、吹塑、压延、滚塑、铸塑、搪塑、醮涂、流延、传递模塑、反应注塑、手糊、缠绕、喷射、真空、3D打印等；木材成型加工工艺有锯割、刨削、凿削、铣削等；陶瓷成型加工工艺有压制、吹制、拉制、压延、浇铸、烧结等；玻璃成型加工工艺有可塑、注浆、压制等；复合材料由于基体材料不同，成型加工工艺各异，典型工艺有热压、热轧、铸造、注浆、模压、浸润、缠绕、喷射、层压、拉挤等。

产品造型材料与加工工艺选择原则有以下几点。

（1）使用性能。使用性能是完成规定功能的必要条件，是选材时首先要考虑的问题。使用性能主要包括材料的力学性能、物理性能和化学性能。不同产品的功能不同，所要求的使用性能也不一样。对于产品来说，保证其工作安全和经久耐用是它的先决条件。选材时根据产品的工作条件和失效形式，通过力学分析，计算确定选材的主要力学性能指标。

（2）工艺性能。材料的工艺性能表示材料加工的难易程度。在零件选材时，除了首先要满足产品的使用性能要求外，还应兼顾材料的工艺性能。不同的材料都有相应的成型加工工艺。成型加工工艺方案的好坏，不仅决定了产品制造的可行性和质量，而且对制造成本和企业效益产生影响。

（3）材料的环境耐候。由于产品在多种多样的环境下使用，因此其材料必须具备良好的化学稳定性，可以适应各种使用环境。环境耐候性是指造型材料能适应环境条件，承受环境因素变化和周围介质的破坏作用，即材料不因外界因素的影响和侵袭而发生化学变化，以致引起材料内部结构改变而出现褪色、粉化、腐蚀甚至破坏的性能。

（4）经济性。产品选用的材料必须要保证使产品的制造成本降低。产品的制造成本包括材料本身的价格和与生产有关的一切费用，其中材料的价格是选材的重要因素。在保证零件的使用性能和工艺性能的前提下，采用价格低廉的材料和工艺获得最大的经济效益，使产品成本具有强大的竞争力。

（5）美观性。材质美是产品造型美的一个重要内容，人们通过视觉、触觉、听觉的感知和联想来体会材质的美感。材质美由材料的点、线、面、肌理、色彩、光泽等造型元素及成型加工工艺来体现。

（6）绿色环保。产品造型材料与工艺的选择必须考虑材料制备及产品制造、使用、报废整个生命周期的绿色效应，即对资源和能源消耗少、对生态环境污染小，可再生利用率高或可降解环境利用率高。

二、产品表面装饰材料与工艺设计

产品表面装饰是产品成型的后续工序，是美化、修正产品表面，实现产品整体美的过程，主要包含产品表面处理和标识处理的材料与工艺设计。

1. 产品表面处理的材料与工艺

现代众多新材料与新工艺的出现不断给传统的材质表现带来许多新的形式和手段。一方面，可以弥补传统材料固有特性无法企及的性能；另一方面，可以给产品表面创造全新的造型效果。表面处理是利用现代物理化学、金属学、热处理等技术优化零件表面性能的工艺方法。

表面处理技术的分类：表面强化处理、表面洁化处理、表面装饰处理、表面防蚀处理、表面修复处理。

常用的表面处理方法：①热喷涂、喷丸、表面滚压；②表面胀光、离子镀；③激光表面强化、抛光；④普通电镀、特种电镀；⑤钢铁发蓝、钢铁磷化；⑥铝阳极氧化及着色处理；⑦涂装（喷漆与喷塑）。另外还有多种处理方法，不再赘述。

2. 产品标识处理的材料与工艺

产品表面处理完成之后，即进入产品标识处理阶段（当然也有一些标识是随外观件一次成型的）。现在，产品标识处理的材料与工艺日新月异，种类繁多。产品标识既可以通过丝印、胶印、移印、烫印等工艺直接印刷在产品表面，又可以通过焊、螺、铆、镶嵌、粘贴等工艺把油漆面板、电镀标牌、胶印铝标牌、高光铝铭牌、丝印PVC/PC标牌（聚氯乙烯/聚碳酸酯）等固定在产品表面。

典型案例——吹风机的产品材料与工艺设计

电吹风机的壳体部分需要考虑满足绝缘、耐高温、耐腐蚀等要求，通常选择材料有PC、PC+ABS（工程塑料合金）、PBT等。内部的电气部件对电子性能要求较高，物理性能和阻燃性能优秀，如PA6、PET等（表8-1）。

表8-1 材料性能

性能	耐溶性	耐磨性	耐油性	成型性	耐候性	电子性能	物理性能
PC	×	△	○	●	●	●	●
PC+ABS	●	○	△	●	×	●	●
PBT	△	△	△	○	○	●	●
PET	△	△	△	○	○	●	●
PA6	●	●	○	○	○	●	○

注：● 优 ○ 良 △ 普通 × 劣

ABS工程塑料即PC＋ABS(工程塑料合金)，具有PC树脂的优良耐热耐候性、尺寸稳定性和耐冲击性能，又具有ABS树脂优良的加工流动性，所以广泛应用在薄壁及复杂形状制品上，能保持其优异的性能。因其冲击强度范围大、尺寸稳定性优良，同时电性能、耐磨性、抗化学药品性、染色性，成型加工和机械加工较好，故作为吹风机外壳设计的首要优质材料。

1. 产品造型材料与工艺设计

根据表8-1以及设计预期进行合理分析后，确定该款电吹风机的主要部件的材料及加工工艺（表8-2）。

表8-2　电吹风机主要部件的材料与加工工艺

序号	名称	材料	单位	数量	加工工艺
1	聚风嘴	耐高温塑料	组	1	挤出成型工艺
2	壳体	抗辐射塑料	组	1	注射成型工艺
3	聚风筒	耐高温塑料	组	1	注射成型工艺
4	电动机	标准件	组	1	
5	挡风板	耐高温塑料	组	1	注射成型工艺
6	开关	热塑性塑料	组	1	注射成型工艺
7	手柄	热塑性塑料	组	1	挤出成型工艺
8	电热元件	金属材料	组	1	挤出成型工艺
9	小鳄鱼耳朵	抗辐射材料	组	1	注射成型工艺
10	风扇	标准件	组	1	
11	小鳄鱼嘴	抗辐射材料	组	1	注射成型工艺
12	电阻丝	镍铬合金	组	1	挤出成型工艺
13	小鳄鱼鼻子	抗辐射材料	组	1	注射成型工艺
14	螺丝	标准件	组	1	

2. 产品表面装饰材料与工艺设计

根据表8-1与材料表面处理功能性需求进行合理分析后，确定该款电吹风机主要部件表面材料及加工工艺（表8-3）。

表8-3　电吹风机主要部件的表面材料及加工工艺

序号	名称	单位	数量	表面处理工艺
1	壳体表面	组	1	打磨，抛光
2	聚风筒表面	组	1	磨砂
3	挡风板表面	组	1	喷涂
4	开关表面	组	1	磨砂
5	手柄表面	组	1	打磨、抛光
6	小鳄鱼耳朵表面	组	1	磨砂

第九章　产品人机环境分析

产品不是一个孤立的实体，它处于“人-机-环境”大系统之中。传统的设计观把思维集中在产品的功能实现和行为分析上，现代的设计观要求同时考虑人的因素和环境因素，以大系统的观点统一处理设计中的问题。设计者必须考虑人、机、环境三大要素之间的功能分配，方能对产品的功能作出明确的定义。产品人机环境分析是对产品使用便利性、规范性、安全性和环境友好性的研究过程。

一、产品操作方式展示和设计

产品操作方式分析是对产品使用行为的规范过程，其内容包含硬件操作方式和软件操作方式的展示和设计。硬件操作方式是通过产品操控硬件直接控制产品来实现使用功能的过程，设计师一般以直观的虚拟图片来展示使用和维护的规范动作。软件操作方式是通过软件间接控制产品来实现使用功能的过程，设计师必须进行专门的交互设计。

二、产品安全性分析

产品的安全性是指产品在使用、储运、销售等过程中，保障人体健康和人身、财产安全免受伤害的能力。它是一个相对的概念，一方面与产品本身有关，一件本身有着先天缺陷、存在安全隐患的产品自然是危险的代名词；另一方面它与使用者的正确理解与正常操作同样有着密切的关系，即使是一件安全的产品，如果进行错误的操作同样是不安全的。所以，产品安全性分析必须从功能、形态、结构、色彩、材料、工艺以及操作界面等多角度进行综合测评。

三、人机环境友好性分析

产品人机环境友好性分析包含三方面内容：①产品在生产、使用和报废的生命周期中，必须遵循可持续设计原则；②产品在使用过程中，必须有充分的操控和摆放空间；③良好的工作环境一方面可以提高使用效率，另一方面可以提升产品的使用寿命。

典型案例——手持监测终端造型设计的人机环境分析

1. 产品操作方式展示和设计

产品的人机系统设计，实为对功能符号的语义设计。主要的内容包括：产品按键的形状、大小、排布、位置等；标志上的数字、文字、符号等的字体、大小、位置；发声孔和散热孔的形状、大小、位置等；各种端口的位置、间距等；操作界面的形状、大小、位置、角度等；品牌标志及一些辅助图形等。委托方提供WHDS型手持监测终端的产品功能描述主要如下：3.2英寸TFT彩色触摸液晶屏（电阻式）、三个按键（电源键、右侧上下键）、Mini USB数据接口、左上角LED指示灯（红、绿、蓝三色选一）；这些按键和接口等部件通过各自的形状特征就能够指示出相关的产品功能语义（图9-1）。

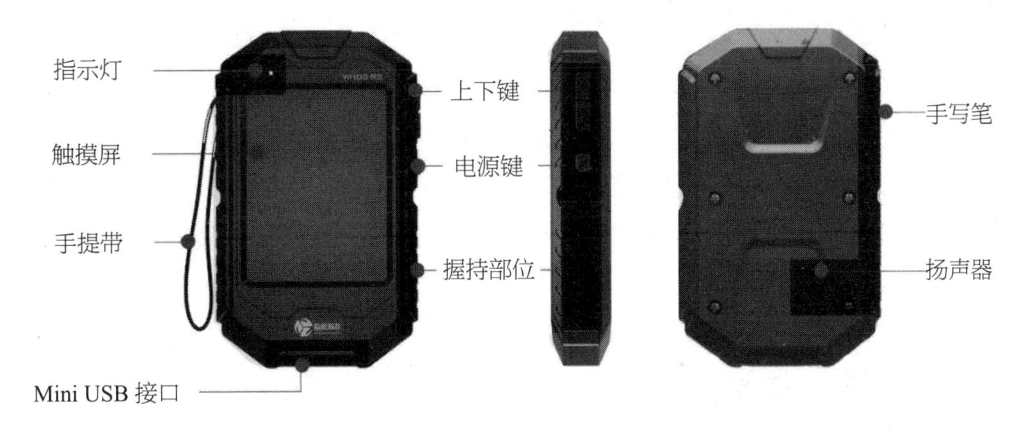

图9-1　产品功能语义设计

在概念设计阶段的操作指示分析中已经提到，产品通过造型呈现其各功能部件之间的联系，各功能符号也用自我表达向使用者说明独立的操作方式，例如“握”与“抓”等的动作可以通过图案形状进行操作暗示的表达。这些符号形态是从生活经验记忆中提取的“图式”或“原型”而形成的经验索引，将其运用到人机操作的过程中，可以引导人们以希望的方式和方法自然地操作（表9-1）。

表9-1　产品形状特征及其功能语义

部件名称	功能语义	描述	形状特征
指示灯	看	通过灯光的闪烁吸引视线	

续表

部件名称	功能语义	描述	形状特征
液晶屏	触	通过指尖区域碰触实现，以平面或小型光感应区的符号形式出现	
右侧上 下键、电源键	按	由立体、半立体呈现或平面呈现多按压操作，实行线性分割	
USB数据接口	插	由与数据线接口可互相嵌入的形状呈现，对应形状插入	

根据委托方提供的工业设计输入要求，产品的单元尺寸可能需要在设计过程中由系统、硬件及结构共同确认，故在项目启动前未能确定的只需概略性预计。但为了更加符合人机工程，需要对用户的手掌大小等尺寸有所了解，在设计产品外观尺寸时参考了国标《中国成年人人体尺寸》（GB 10000—1988）中的手部尺寸（图9-2、表9-2）。

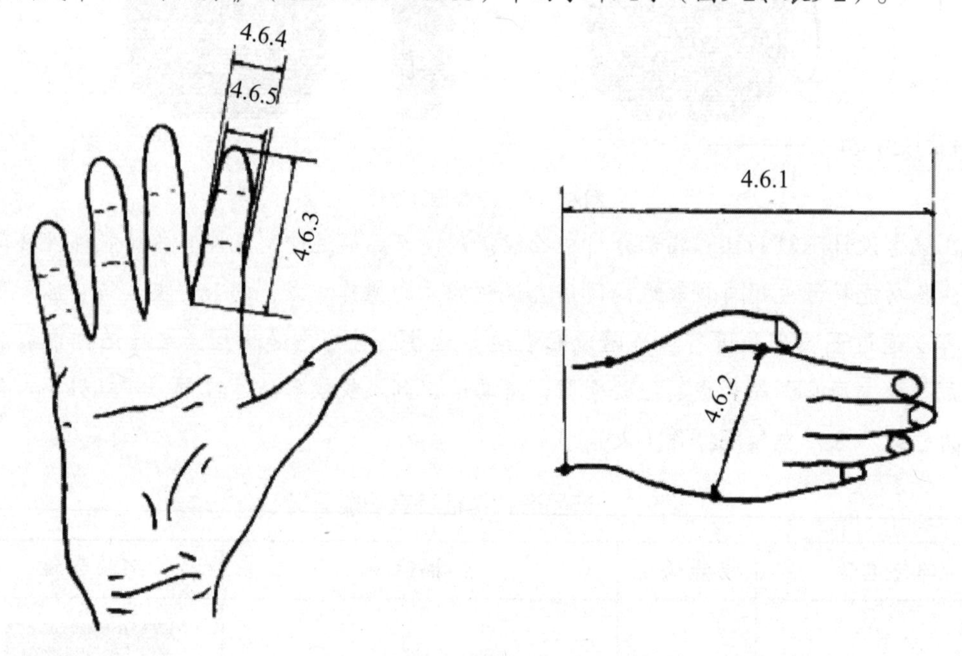

图9-2　人体手部尺寸

图片来源：国标《中国成年人人体尺寸》（GB 10000—1988）

表9-2 成年人手部尺寸

测量项目	18~60岁男性							18~55岁女性					
百分位数	1	5	10	50	90	95	99	1	5	10	50	90	95
手长	164	170	173	183	193	196	202	154	159	161	171	180	183
手宽	78	76	77	82	87	89	91	67	70	71	76	80	82
手指长	60	63	64	69	74	76	79	57	60	61	66	71	72
手指近位指关节宽	17	18	18	19	20	21	21	15	16	16	17	18	19
食指远位指关节宽	14	15	15	16	17	18	19	13	14	14	15	16	16

资料来源：国标《中国成年人人体尺寸》（GB 10000—1988）

结合表9-2数据，根据产品的功能语义定位，WHDS型手持监测终端的操作方式为一只手握持保持机身稳定，另一只手进行触屏操作。产品外观尺寸如图9-3所示。

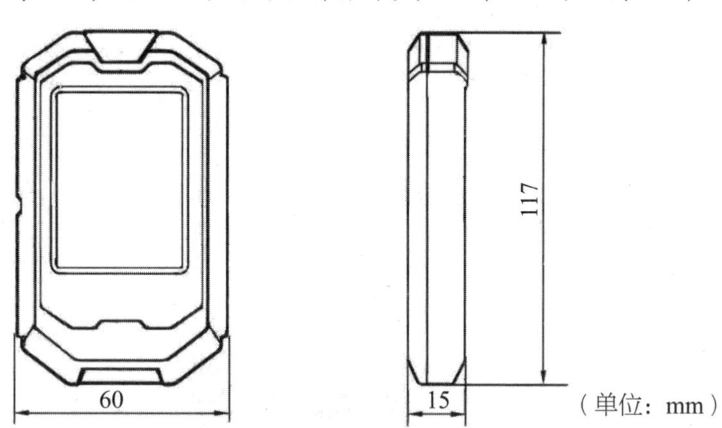

图9-3 选定方案的产品外观尺寸

（1）握持方式分析。从手持监测终端的造型和功能特点来看，其产品造型整体为矩形，边缘规整且在手持部位有增加摩擦力的设计。这样的设计很方便用户单手握持并保持机身稳定，且从通用设计和人性化设计的角度来讲，不管用户习惯用左手还是右手都能够适应这样的握持方式（图9-4）。

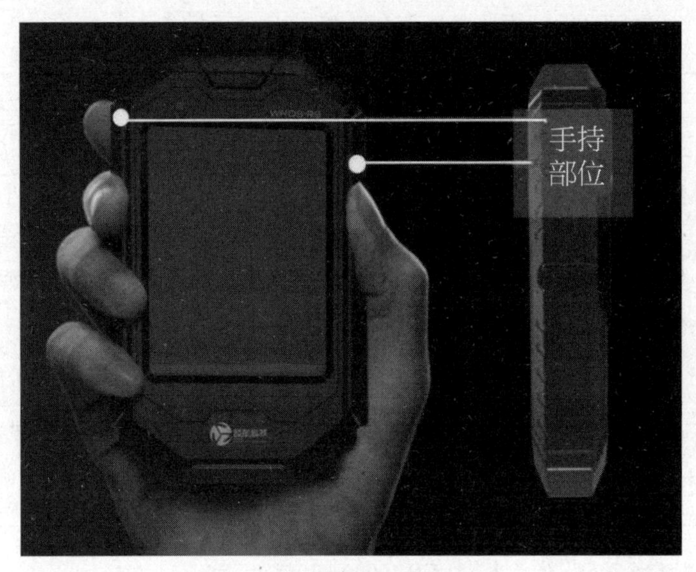

图9-4　手持监测终端握持示意

（2）触屏操作分析。WHDS型手持终端操作屏幕采用的是电阻式触屏，在人机工程学的研究中曾有学者得出结论，认为触屏用食指操作、触击范围在7毫米左右比较合适，而用拇指操作合适的触击范围需在9毫米左右。为给设计师们提供较为准确的工学指标，对按键操作进行精密的实验设计必不可少。考虑影响用户按键操作难易度的两大情景因素：一为用户的状态(静止、走动、公交车上等)；二为做按键操作使用的手指(食指、拇指等)。将这两个因素结合，正式实验中取两种最为常见的操作情景状态(均为单手操作)：静止时用食指操作；走动时用拇指操作。前者操作起来相对容易；后者较为困难（图9-5）。

图9-5　手持终端触屏操作示意

2. 产品安全性分析

产品功能、形态、结构、色彩、材料、工艺以及操作界面的设计能够充分保证产品在使用过程中的安全性。

3. 人机环境友好性分析

产品在生产过程中，必须考虑省工省料，有效处理废气、废水、粉尘、噪声等环境因素；产品使用中，安全舒适，不会对环境造成丝毫影响；产品报废后，企业可以采用以旧换新等销售手段，回收废品集中处理（拆解再利用等）。

第十章　产品成本预算

产品成本预算是基于批量化生产的情况下对产品生产和运营成本的估算，是预测产品进入市场后价格竞争效果的必要过程。初步的产品成本预算能提高新产品开发成功的概率，给产品开发决策提供科学的依据。

一、产品成本构成

产品成本由生产和服务成本组成；其中生产成本约占70%。生产成本由材料、人工和制造费用构成。服务成本由设计、技术、管理、财务、营业等服务费用构成。在产品开发的过程中，单件产品生产成本估算以市场同类产品零部件市场批发价为统计依据。公式如下：

产品成本=产品零部件市场批发价总和÷70%

二、产品价格导出

产品价格反映了商品在生产和流通过程中物质耗费的补偿以及新创造价值的分配，一般包括生产成本、流通费用、税金和利润四个部分。产品在未进入流通阶段的时候，其流通费用不予计算。

中国工业产品中的生产资料和生活资料，从生产到消费经过不同的流通环节，其价格也各不相同。其中，由生产企业销售给商业部门的工业品出厂价格由生产成本、利润和税金三部分构成。

$$工业品出厂价格 = \frac{工业生产成本 \times (1+成本利润率)}{1-税率}$$

根据《中华人民共和国增值税暂行条例实施细则》（财政部国家税务总局第50号令），公式中的成本利润率由国家税务总局确定，税率按17%的增值税计算。成本利润率是国家征税的最低要求。此公式基于行业同类产品核定成本利润率，计算价格为行业最低赢利水平。根据企业品牌效应可以合理确定企业目标利润率（必须高于成本利润率），调整产品出厂价格。

典型案例——电话机造型设计的成本预算

1. 产品成本构成

电话机零部件批发价格统计如表10-1所示（序号与产品总装图中的产品零部件编号一致）。

表10-1 电话机零部件批发价格表

序号	名称	数量	单价/元
1	听筒外壳	1	8.00
2	固定螺钉	1	3.00/KPCS
3	电话线		0.90
…	…	…	…
29	外壳		0.08
30	电话机开关		0.35

单个电话机生产成本由构件按批发价格总计，为83元。由此，可估算出电话机的产品成本。

电话机成本=83÷70%=118.57（元）

2. 产品价格导出

电话机价格=118.57×（1+0.05）÷（1－0.16）≈148（元）

考虑设计创新的附加价值、企业品牌效应、预期效益等因素，将产品最终零售价定为200元。

由于零件零售价格高于批发价格，若进行大批量生产，则单件产品的成本还将会有大幅降低。

第十一章　产品设计展示

产品设计系统过程结束，需要详细地展示设计方案，接受不同人群的反馈意见，不断修改完善方案。

一、产品设计展示的内容

产品设计展示包括产品整体效果图、细节设计、仿真模型、原型、使用方式、使用环境、设计报告书、设计过程PPT汇报等内容。

二、产品设计展示的方式

产品设计展示方式有展板展示、模型展示、样机（原型）拆解展示、CAD/CAM/AI/VR虚拟展示、PPT汇报展示、设计报告书文案展示等方式。

设计师应该根据不同的对象，有针对性地选择展示内容与方式。接受企业内部项目组或业内同行专家审阅，一般直接以CAD/CAM虚拟技术直观展示产品整体和细节设计效果图，以PPT、设计报告书详细介绍设计流程。广泛接受企业内外各类人士审阅，一般以展板、模型、样机（原型）、AI/VR虚拟技术等方式展示产品使用功能、使用方式、使用环境等内容。

作为“产品设计”课程，5～6人为一小组，64～80课时，一般要求CAD/CAM虚拟展示产品整体和细节设计、使用方式、使用环境效果图，按照各高校本科生毕业论文规范完成的设计报告书以及设计项目答辩PPT及展板展示的电子文档；80课时以上，建议额外增加草模型（或原型）、AI（或VR）技术来展示产品方案。

典型案例——点钞机造型设计的产品设计展示

1. 产品整体设计展示

产品设计虚拟效果与实物对比（图11-1）。

图11-1　点钞机整体效果

2. 产品细节设计展示

产品细节设计见图11-2。

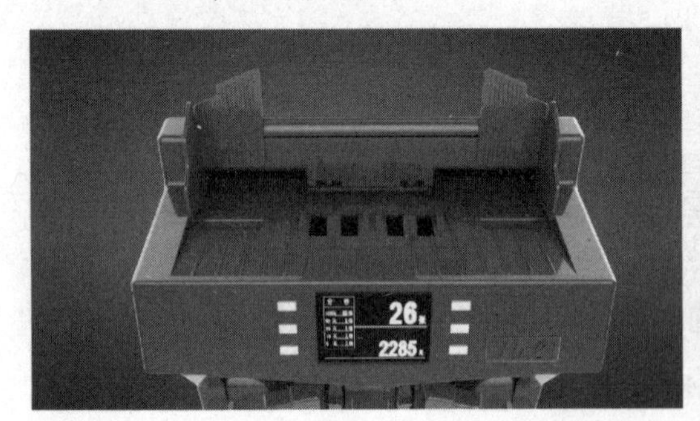

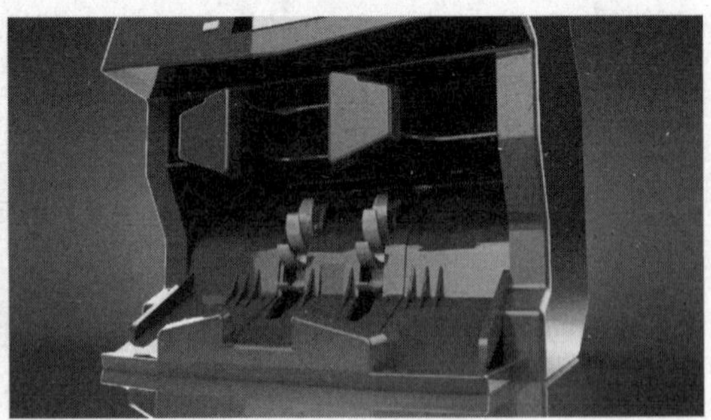

图11-2　点钞机细节设计

3. 产品使用展示

产品使用方法与场景见图11-3。

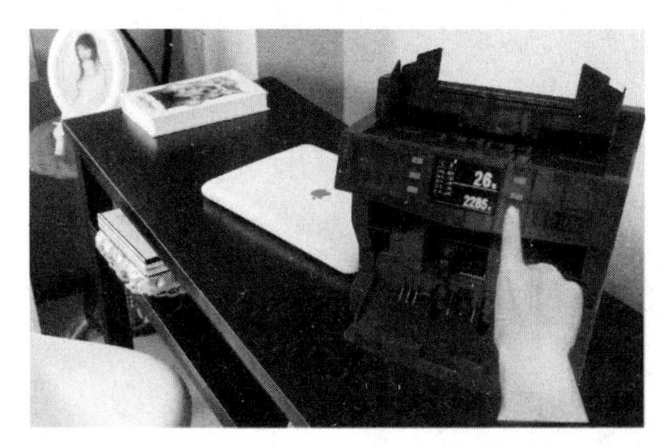

图11-3　使用方法以及使用场景

参考文献

[1] 张福昌，[日]宫崎清. 设计概论[M]. 合肥: 合肥工业大学出版社，2011.

[2] 柳冠中. 事理学方法论[M]. 上海: 上海人民美术出版社，2019.

[3] 李亦文. 产品设计原理[M]. 北京: 化学工业出版社，2011.

[4] [美]Kevin N.Otto, Kristin L.Wood.产品设计[M].齐春萍，宫晓东，张帆等译. 北京: 电子工业出版社，2005.

[5] 高亮，职秀梅. 设计管理[M]. 长沙: 湖南大学出版社，2011.

[6] 陈国强. 产品设计程序与方法[M]. 北京: 机械工业出版社，2011.

[7] 张凯，周莹. 设计心理学[M]. 长沙: 湖南大学出版社，2009.

[8] 张学东. 产品系统设计[M]. 合肥: 合肥工业大学出版社，2009.

[9] 江杉，姚干勤. 产品创新设计[M]. 北京: 北京理工大学出版社，2009.

[10] 吴琼. 常州梳篦[M]. 北京: 化学工业出版社，2009.

[11] [日]浅田和实. 产品策划营销[M]. 北京: 科学出版社，2008.

[12] 江牧. 工业产品设计安全原则[M]. 北京: 中国轻工业出版社，2008.

[13] 李珂. 产品设计中对用户分类的分析[J]. 科技创新导报，2008.

[14] 许或青. 绿色设计[M]. 北京: 北京理工大学出版社，2007.

[15] 唐林. 产品概念设计基本原理及方法[M]. 北京: 国防工业出版社，2006.

[16] 张绯. 产品创新设计与思维[M]. 北京: 中国建筑工业出版社，2006.

[17] 崔天剑. 工业产品造型设计理论与方法[M]. 南京: 东南大学出版社，2005.

[18] 张凌浩. 产品的语意[M]. 北京: 中国建筑工业出版社，2005.

[19] 张宪荣，陈麦，张萱. 工业设计理念与方法[M].北京:北京理工大学出版社，2005.

[20] 阮宝湘，邵祥华. 工业设计人机工程[M].北京:机械工业出版社，2005.

[21] 陈汉青. 产品设计[M]. 武汉: 华中科技大学出版社，2005.

[22] 徐千里. 创造和评价的人文尺度[M]. 北京: 中国建筑工业出版社，2004.

[23] 李乐山. 工业设计心理学[M]. 北京: 高等教育出版社，2004.

[24] [美]唐纳德·A·诺曼. 设计心理学[M]. 梅琼译. 北京: 中信出版社，2003.

[25] 邓家褆. 产品概念设计[M]. 北京: 化学工业出版社，2002.

[26] 张展，王虹. 产品设计[M]. 上海: 上海人民美术出版社，2002.

[27] 李乐山. 工业设计思想基础[M]. 北京: 中国建筑工业出版社，2001.

[28] 吴翔. 产品系统设计·产品设计2[M]. 北京: 中国轻工业出版社，2000.

[29] 何晓佑. 产品设计程序与方法·产品设计1[M].北京: 中国轻工业出版社，2000.

[30] 王明旨. 产品设计[M]. 北京: 中国美术学院出版社，1999.

[31] 高敏. 工业实用美术设计[M]. 重庆: 重庆大学出版社，1988.

综合案例——儿童餐椅设计

目录

摘 要

对于现代大多数家庭而言，儿童餐椅逐渐成为儿童生活的必需品，可有效为父母照顾孩子提供帮助，同时也能让宝宝与父母“共同”进餐，帮助宝宝养成良好的用餐习惯。现存儿童餐椅在使用功能性上生命周期普遍偏短，孩子幼儿园毕业以后基本就不再使用餐椅。延长这类产品的生命周期，对其功能性衍生设计就显得非常重要。

针对儿童餐椅的功能及造型特征，以产品系统设计理念指导其整体开发设计流程，运用模块化设计理论归纳总结出儿童餐椅功能模块及造型设计的方法和准则，并以其指导设计实践。在完成儿童餐椅市场调研、技术调研、用户需求调研、造型规律调研、人机交互调研和行业规范调研的基础上，结合委托方的实际需求明确设计目标和设计方向，完成造型设计方案。在设计过程中充分考虑两种不同用户群体的人机环境因素，对儿童餐椅的功能及环境适应性解构后进行功能模块化设计，针对儿童餐椅的实际使用场所及使用环境，给出完备的功能适应性解决方案，在实践中不断修正儿童餐椅造型设计的方法和准则。

研究创新点：将模块化设计理念应用于儿童餐椅的系统设计过程中，针对不同环境进行适应性设计，并对儿童餐椅全生命周期进行解构分析，提出一套适用于实际使用环境的功能性衍生设计方案，以期延长儿童餐椅产品使用寿命。

关键词：儿童餐椅；概念设计；造型设计；成本预算

ABSTRACT

For most modern families, children’s chair has become a necessity for children's lives, it can not only effectively help parents to take care of their children, but also allows the baby dine together with them, It can also help their baby develop good eating habits. Because of the functional life cycle of existing children’s chair is generally short, Most child after kindergarten graduation will no long use it. It is obvious that to add it functional design we must Extend the life cycle of this kind of product.

The function and shape characteristics of children’s chairs are designed, and the overall design and development process was guided by the product system design concept. The modular design theory was used to summarize the methods and criteria of children's dining chair functional modules and design, and guide the design practice. Based on the market research, technical research, user needs research, modeling research, human-computer interaction research and industry standard research of the actual demand for a clear design goals and design direction, complete modeling design. In the design process, we fully consider the human environment factors of two different user groups. After deconstructing the functional and environmental adaptability of the children’s chair, we design the functional modularization, and give the complete use of the children's chairs. The function adaptability solution in the practice unceasingly fixed the child dining chair modeling design method and the criterion.

Research innovation: The adaptive design was made for different environments, the whole life cycle of the chair was analyzed, and a functional derivative design scheme suitable for the actual use environment is put forward to prolong the service life of children’s chair.

Keywords: children dining chair; conceptual design; style design; cost budget

第一章 产品项目规划与管理

1.1 项目分析

儿童餐椅作为新兴的育儿产业，如今已逐渐被大多数家庭所接受，受到的关注也越来越多。在一轮轮的新生儿浪潮中，很多企业也都看到了儿童餐椅这块丰厚的市场前景，众多企业的投入使得目前市场上并不缺乏这类产品，从产品的设计上来讲，市场现有的儿童餐椅非常丰富，无论是便携程度还是使用方式上都基本满足了现在家庭的需要。但是目前儿童餐椅的设计大多还只是停留在作为满足孩子吃饭的工具上，以盈利为主要目的，并没有太多考虑到产品生命周期及产品绿色设计的问题。为此，以儿童餐椅为例探求模块化设计在儿童餐椅设计中的应用途径及方法。

1.2 团队建设

指导老师：吴琼教授。

组长：贾明明；组员：许定生、吴月姣、俞荷沁。

1.3 项目计划

课题进程日程安排、内容和要求见表1-1。

表1-1 项目计划表

日程安排	章节	具体内容	要求
第1～2周	一、产品项目规划与管理 二、产品调研	市场调研、技术调研、用户调研、造型规律与色彩调研、人机调研、行业规范调研、产品定位	由具体调研导出产品定位
第3～4周	三、产品方案设计	三期方案草图	一期方案（30张/人） 二期方案（15张/人） 三期方案（5张/人）

续表

日程安排	章节	具体内容	要求
第5周	四、产品结构设计	三维建模（三视图、总装图、爆炸图）	CAM软件制作
第6周	五、色彩与标识设计 六、产品材料与工艺设计	标识设计、色彩设计 产品造型材料与工艺、表面处理材料与工艺	
第7周	七、产品人机环境分析 八、产品成本预算	产品操作方式展示和设计、产品安全性分析、产品人机环境友好性分析 测算产品成本、制定产品价格	
第8周	九、产品设计展示	课题汇报PPT、展板及产品设计报告书	展板提供电子稿、产品设计报告书打印成册

1.4 团队分工

团队分工见表1-2。

表1-2　团队分工

姓名	职务	任务分配情况
贾明明	组长	第二章　产品调研：用户需求调研、产品造型规律调研
		第三章　方案设计
		第五章　产品色彩与标识
		第六章　产品材料与工艺设计
		第九章　产品设计展示
		编辑设计报告书

续表

姓名	职务	任务分配情况
许定生	组员	第二章 产品调研：大数据分析、人机环境调研
许定生	组员	第三章 产品方案设计
		第四章 产品结构设计（三视图、总装图、爆炸图）
		第七章 人机环境分析
吴月姣	组员	第二章 产品调研：技术调研（全组参与1周）
		第三章 产品方案设计
		第四章 产品结构设计（建模渲染）
		第六章 产品材料与加工工艺
俞荷沁	组员	第二章 产品调研：市场调研、行业规范调研
		第三章 产品方案设计
		第八章 产品成本预算
		第九章 产品设计展示

1.5 过程控制

组长负责产品系统设计的有序运行，督促各分工负责人如期完成设计任务，接受指导老师的审阅，按评审反馈意见及时修改相关内容，确保产品设计的正常运行和最终设计质量；统筹协调各分工组员的工作内容，整合完善产品设计报告书。

第二章　产品调研

2.1 市场调研

儿童餐椅是6个月至6岁儿童必不可少的进餐专用的椅子，可以帮助儿童养成良好的进餐及生活习惯。从儿童的使用方式和结构来看，儿童餐椅大致可以分为多功能儿童餐椅（图2-1）和可折叠儿童餐椅两类（图2-2）。

图2-1　多功能儿童餐椅

图2-2　可折叠儿童餐椅

儿童餐椅市场的需求量整体呈现增长趋势，市场发展目前还处于成长阶段，随着计划生育政策的改变，国内未来新生儿数量将持续上升，未来儿童用品市场潜力巨大，儿童餐椅未来的市场空间还很大（图2-3）。

总体看来，功能齐全、设计优良、价格合理的儿童餐椅更能受到消费者的青睐，儿童餐椅的市场发展情况对产品的定位具有导向作用。

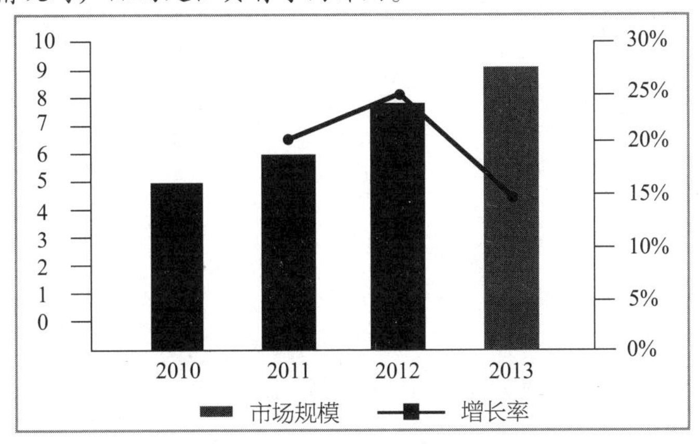

图2-3　中国儿童餐椅行业未来市场规模变化

2.2 消费者需求调研

2.2.1 用户需求调研

此次访谈的调查地点为：幼儿园、幼教机构、医院、用户住所等，得到如表2-1所总结的基本信息。通过对用户的实际生活体验及对产品的期待的了解发现，大多数用户对产品功能、产品质量、产品价格以及使用便捷性等方面较为关注，这些信息的搜集对儿童餐椅的设计工作提供了有效的参考价值，对于后期的设计工作也有一定的指导意义。

表2-1　用户访谈结果

分类	显性需求	隐性需求
说明	具有一定便携性	适合多种环境使用
	不用时占用空间要小	可折叠、轻便、易挪动
	价格合适、品质可靠	质量和价格均衡
	环保、安全可靠	不会对儿童造成伤害

2.2.2 用户问卷调研

儿童餐椅的造型设计要结合消费群体的地域特征、使用习惯、需求目的、社会经济地位、价值倾向等因素来考虑。近年来儿童餐椅处于迅速发展期，造型设计上也处于多产的状态，如何定位造型风格也是各企业不断取得市场的关键因素。

针对用户年龄、对儿童餐椅的了解、产品价位和最重视因素等方面进行问卷调查。为期三天的调查后，参与问卷调查者100人，其中有效问卷93份，问卷调研结果如下。

① 您的年龄？（图2-4）

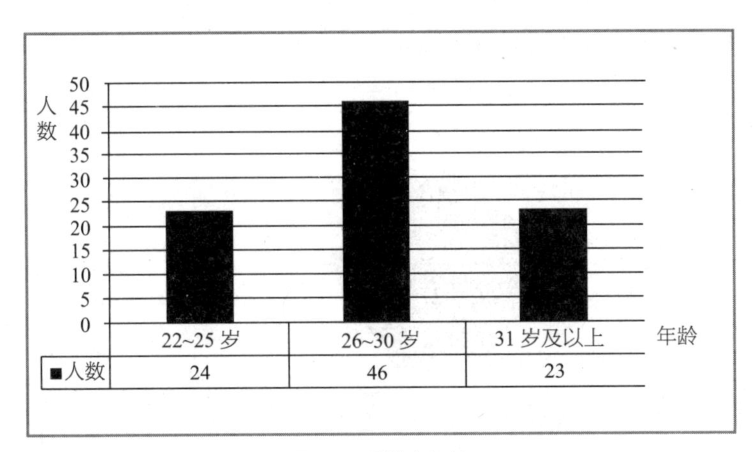

图2-4　受访者年龄

② 您会给孩子购买儿童餐椅吗？（图2-5）

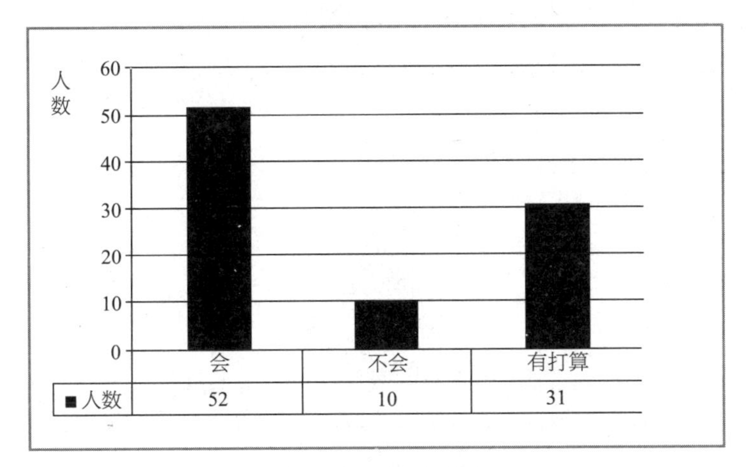

图2-5　受访者购买意向

③ 您会在孩子多大时为其购买儿童餐椅？（图2-6）

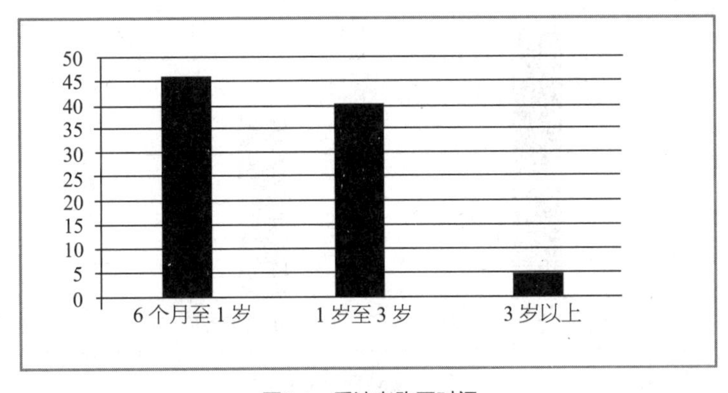

图2-6　受访者购买时间

④ 您在购买儿童餐椅时考虑的重点是（多选）？（图2-7）

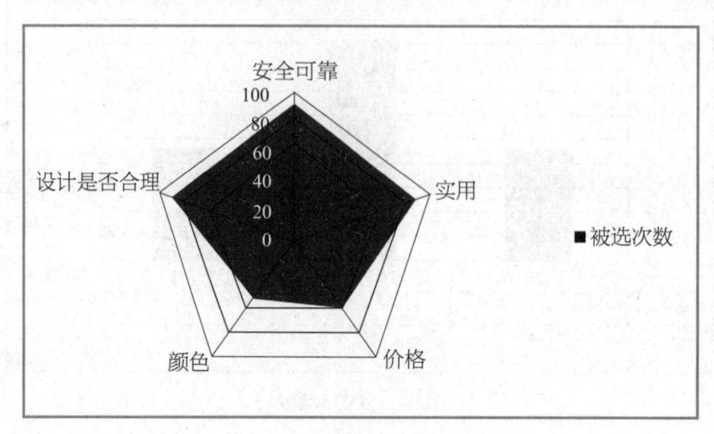

图2-7　受访者购买考虑因素

⑤ 您在儿童餐椅上愿意投入的资金？（图2-8）

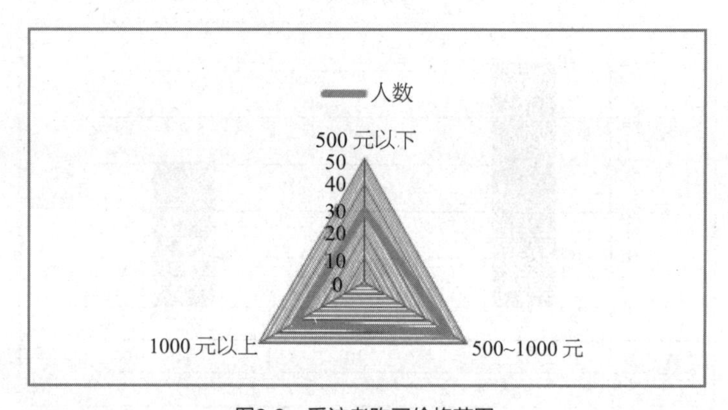

图2-8　受访者购买价格范围

⑥ 您会购买哪种类别的儿童餐椅？（图2-9）

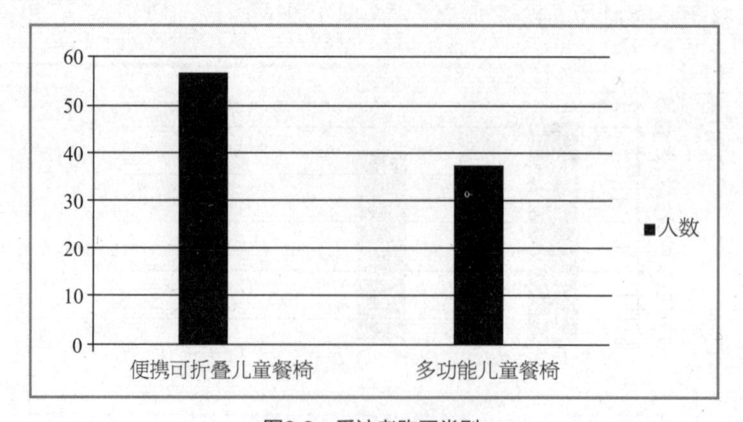

图2-9　受访者购买类别

⑦ 您认为市场上现有的儿童餐椅存在哪些不足（多选）？（图2-10）

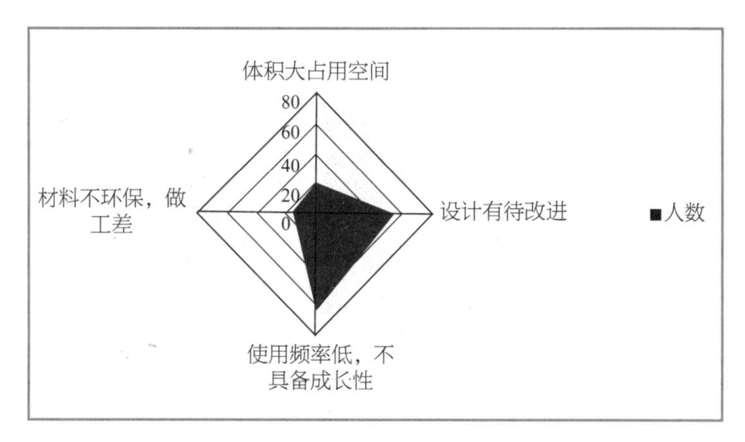

图2-10　市场儿童餐椅存在的不足点

⑧ 您认为儿童餐椅应具备以下哪些功能（多选）？（图2-11）

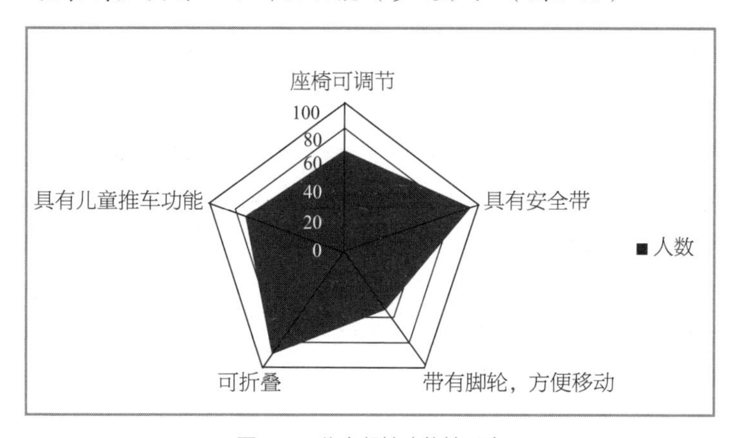

图2-11　儿童餐椅功能性因素

⑨ 您使用过儿童餐椅吗？（图2-12）

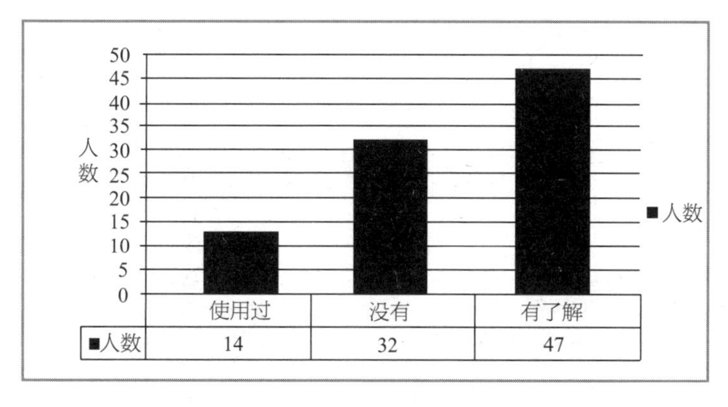

图2-12　受访者使用情况

⑩ 如果您为孩子购买儿童餐椅，您希望该餐椅能够陪伴孩子使用多长时间？（图2-13）

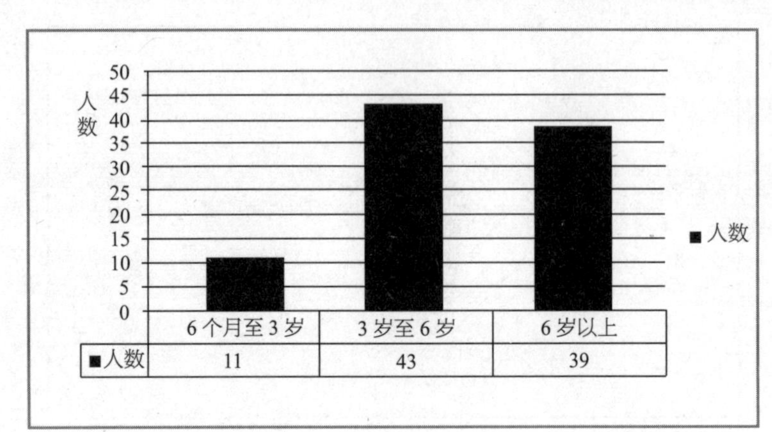

图2-13 期望产品使用周期

2.2.3 调查结果分析

消费者在购买婴儿餐椅时首先考虑的因素是它的实用性及安全性，可接受价格区间多集中在500~1000元。针对目前市场现有及用户实际使用过程中的儿童餐椅，多存在实际使用频率偏低及产品使用周期偏短的问题，这对于该项目的设计是一个很好的设计切入点。由于年轻父母喜欢外出或逛街，再加上现代城市年轻人生活压力较大，家庭住房面积有限，消费者大多偏向于便携型餐椅，当儿童逐渐长大不再需要餐椅来辅助吃饭时，希望餐椅可以有其他用处。

针对儿童餐椅的用户需求总结出以下几项功能或特点：

① 可靠的安全性设计；

② 结构设计合理，便宜活动及携带；

③ 婴儿车和婴儿餐椅的组合功能形式；

④ 产品使用周期要有所改善等。

2.3 产品技术调研

2.3.1 产品自身技术调研

传统儿童餐椅在功能需求上相对单一，主要是帮助父母给儿童喂饭（或儿童自己进食）的辅助工具。随着技术的发展，儿童市场的竞争加剧，现代儿童餐椅相对于传统儿童

餐椅功能更为完善，衍生出一些其他功能，能够最大限度地考虑到消费者的多样性需求；依托现代化的生产技术使得产品结构的设计更加合理可靠；在便携性上现代儿童餐椅较传统儿童餐椅更加实用，能够较大限度地满足现代人的使用需求。

① 多功能儿童餐椅。这类儿童餐椅多以组合式设计为主，整体功能呈现多样化趋势，使用环境多以家庭固定场所为主，材料上以塑料和木质为主，功能上进食和娱乐相结合（见表2-2）。

表2-2　多功能儿童餐椅对比

品牌	型号	材质	尺寸	参考价格（元）	备注	产品展示
Gromast	CH505	塑料	560×680×1060	299	适用年龄6个月至8岁，欧标EN14988	
哈哈鸭	hc-223	塑料	670×310×510	268	适用年龄6个月至8岁	
XS/小硕士	DZ1041	桃花心木	435×460×950	279	适用年龄6个月至8岁，欧标EN14988	
Pouch	K15	金属	450×490×900	559	适用年龄6个月至8岁	
Baby first	QQ米	塑料	620×720×980	498	适用年龄6个月至8岁	

② 可折叠儿童餐椅。考虑到便携性问题，这类儿童餐椅多以折叠结构设计为主，整体功能相对多功能儿童餐椅有所区别，使用环境灵活多变，材料上以塑料和金属为主，功能上主要以进食及短时休息为主（表2-3）。

表2-3 可折叠儿童餐椅对比

品牌	型号	材质	尺寸	参考价格（元）	备注	产品展示
Aing/爱音	C002	塑料	490×800×1020	429	适用年龄6个月至8岁，欧标EN14988	
BeiE/贝易	B9105	塑料	570×320×1140	468	适用年龄6个月至8岁	
Goodbaby	Y9806	塑料/金属	600×940×1140	499	适用年龄6个月至8岁，欧标EN14988	
Peg Perego	ZERO3	塑料/金属	550×550×1045	1299	适用年龄6个月至8岁，欧标EN14988	
DigBaby	mini	塑料/金属	420×560×980	238	适用年龄6个月至8岁，欧标EN14988	

2.3.2 产品材料与工艺技术调研

儿童餐椅的主要构造包括座椅、餐盘、主结构框架、护栏、安全带、脚踏板等，其造型、结构设计、材料加工工艺等是影响产品的关键因素。

儿童餐椅常用的材料主要是塑料（常见消费类产品的塑料材质以及结构性能如表2-4所示）、金属及型材等。儿童餐椅的塑料结构件主要加工工艺为注塑或吸塑，金属加工工艺主要为管状型材机械加工（表面喷塑、烤漆、氧化等），以及铝型材挤出加工等。

表2-4　常见塑料的特性

材料	ABS	HDPE	PMMA	PC	PP	PA
染色能力	很好	较好	好	好	较好	一般
表面光泽	高	无	很高	较高	一般	无
适合壁厚	1.5～3	1～2.5	1.5～4	2～3.5	1.5～2.5	2～3.5
变形	不易	易/开裂	不易/脆	不易	较易	较易
耐磨性	一般	差	较差	好	差	很好
熔点/℃	170	135	220	240	200	＞200

2.4 产品人机环境调研

2.4.1 儿童及操作者生理特征分析

儿童餐椅在设计过程中，造型尺寸需要满足使用者即儿童及操作者即父母的生理尺寸（儿童生理尺度是指儿童自身生理发育的绝对尺寸与周边环境及设施尺寸的关系），使其在各种使用环境中舒适方便地进行操作，在设计过程中要参照人机工程学的相关人体尺度标准如表2-5～表2-7所示。

表2-5　儿童餐椅设计相关的主要人体尺寸

年龄分组 / 百分位数 / 项目	男（18~60岁）							女（18~55岁）						
	1	5	10	50	90	95	99	1	5	10	50	90	95	99
身高/mm	1543	1583	1604	1678	1754	1775	1814	1449	1484	1503	1570	1640	1659	1697
体重/kg	44	48	50	59	70	75	83	39	42	44	52	63	66	71
上臂长/mm	279	289	294	313	333	338	349	252	262	267	284	303	302	319
前臂长/mm	206	216	220	237	253	258	268	185	193	198	213	229	234	242
大腿长/mm	413	428	436	465	496	505	523	387	402	410	438	467	476	494
小腿长/mm	324	338	344	369	396	403	419	300	313	319	344	370	375	390

表2-6　儿童餐椅设计相关的立姿人体尺寸

年龄分组 百分位数 项目	男（18~60岁）							女（18~55岁）						
	1	5	10	50	90	95	99	1	5	10	50	90	95	99
眼高/mm	1436	1474	1495	1568	1643	1664	1705	1337	1371	1388	1454	1522	1541	1579
肩高/mm	1244	1281	1299	1367	1435	1455	1494	1166	1195	1211	1271	1333	1350	1385
肘高/mm	925	954	968	1024	1079	1096	1128	873	899	913	960	1009	1023	1050
手功能高/mm	656	680	693	741	787	801	828	630	650	662	704	746	757	778
会阴高/mm	701	728	741	790	840	856	887	648	673	686	732	779	792	817
胫骨点高/mm	394	409	417	444	472	481	498	363	377	384	410	437	444	459

表2-7　儿童餐椅设计相关的坐姿人体尺寸

测量项目	百分位数（男）										
坐姿测量项目	P1	P2.5	P5	P10	P25	P50	P75	P90	P95	P97.5	P99
坐高/mm	550	560	570	585	603	628	653	675	686	697	706
膝高/mm	266	274	281	289	303	323	343	356	365	372	384
眼高/mm	433	445	457	469	488	513	535	557	570	577	587
颈椎点高/mm	361	366	375	386	401	421	441	459	469	477	487
肩高/mm	314	325	332	343	361	379	397	419	430	440	448
肘高/mm	112	123	130	137	148	162	177	191	199	206	213
全头高/mm	173	180	184	188	195	206	213	220	224	227	231
头宽/mm	138	140	142	144	148	152	156	159	162	164	167
头长/mm	159	161	164	166	170	174	180	184	187	190	192
臀宽/mm	173	181	185	191	201	212	223	235	245	252	268

测量项目	百分位数（女）										
坐姿测量项目	P1	P2.5	P5	P10	P25	P50	P75	P90	P95	P97.5	P99
坐高/mm	545	560	567	574	599	625	646	672	682	697	719
膝高/mm	262	270	276	285	302	318	339	356	364	371	380
眼高/mm	430	444	451	462	484	509	531	556	567	580	596
颈椎点高/mm	354	356	372	379	397	416	436	455	466	477	491
肩高/mm	313	321	332	339	357	376	397	415	426	433	449
肘高/mm	116	123	130	137	148	162	173	188	195	299	206
全头高/mm	173	180	184	188	195	206	213	220	224	227	231
头宽/mm	137	139	140	142	146	150	154	158	161	163	165
头长/mm	155	157	160	162	166	171	176	181	183	186	190
臀宽/mm	176	180	184	188	198	209	222	236	245	250	266

2.4.2 儿童及操作者心理特征分析

儿童期是人的生理、心理发展的关键时期，是开发智力、建构积极性格的最佳时机。儿童用品的设计除了要满足儿童的使用功能外，还要满足儿童心理上的各种需要。设计儿童用品时要综合考虑适合不同儿童时期特性的色彩，体现对儿童的关爱和呵护；儿童具有丰富的想象力，对不同的颜色做出的反应和感知也不同，特殊的颜色运用在不同的产品上可以不同程度地提高儿童的创造力，训练儿童对于色彩的敏锐度。从儿童餐椅设计的角度考虑，设计应体现出简洁、明快、舒适的特性，反应儿童活泼、天真和质朴的内心世界，使儿童在使用餐椅的同时感受到特别的关爱和舒适。因此，在设计儿童餐椅时应考虑到儿童的心理因素，比如配色上要符合儿童的心理认知习惯，功能上尽量做到多样性、娱乐性与实用性相结合。

其次，儿童餐椅的设计还要满足成人的使用心理特征。儿童餐椅的使用安全性、操作的可靠性、便携性等是他们比较看重的点，因此，在设计产品时要抓住重点，尽量在保证可靠性、安全性的前提下简化产品结构，做到儿童餐椅便携性最优化设计。

2.4.3 使用环境分析

① 室内使用

a. 室内相对固定不动。此种使用环境较为局限，环境空间有限，儿童餐椅要较为固定，稳定性要高，以客厅、餐厅或卧室等环境为主，一般为儿童进食、玩玩具、短时睡眠情景（图2-14）。

图2-14 室内相对固定使用场景

b. 室内短距离移动、调节。此种使用环境空间相对较大，有一定的活动空间，儿童餐椅的使用相对较为灵活，要方便家长随时移动、对儿童餐椅的角度、方位等进行调整（图2-15）。

图2-15 室内短距离移动、调节使用场景

② 户外使用

a. 折叠携带。此种使用环境要求儿童餐椅要具有可折叠性，且体积要小，便于外出携带，例如存放于轿车后备厢（图2-16）。

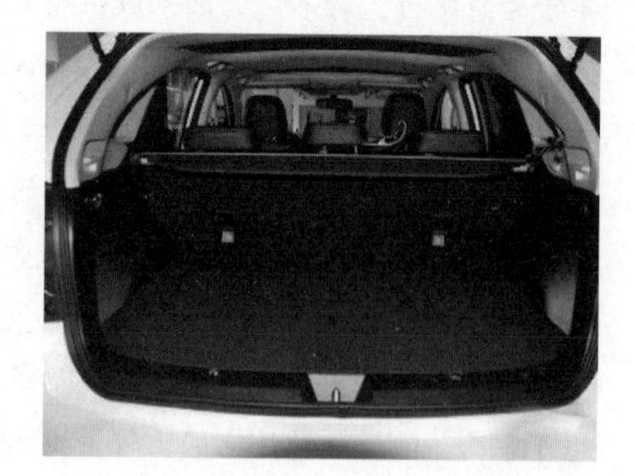

图2-16 折叠携带使用场景

b. 临时替代婴儿推车。本设计功能皆在希望通过一些功能结构模块的替换来实现儿童餐椅功能的多样化需求。当父母短时出门时可能就不希望再携带一个婴儿推车，儿童餐椅在这种使用环境下就要替代部分婴儿推车的功能（图2-17）。

图2-17　替代婴儿推车

③ 功能性衍生使用

儿童在幼儿园阶段结束后使用儿童餐椅的次数很小，利用模块化设计方法，可将功能进行模块化设计形成独立的组合部件，通过减少模块、增加模块等不同的模块组合方式来实现使用功能的转变，以达到延长产品使用寿命的目的，主要有以下两种衍生功能。

a. 座椅功能。通过模块的增加或减少等不同的模块组合方式来实现儿童餐椅到普通座椅的功能转变，延长产品使用寿命。

b. 折叠梯功能。通过模块的增加或减少等不同的模块组合方式来实现儿童餐椅到普通折叠梯的功能转变，延长产品使用寿命。

针对儿童餐椅的特殊属性，在设计时要综合考虑儿童和操作者之间的人机关系，现代家庭的装修风格大都以现代简约风格为主，因此在造型设计的过程中，要考虑到现代家装设计风格，在产品造型及结构设计上以简洁明快、安全可靠、方便携带、典雅和以方正及柔和的线条方向为主。

2.5 造型规律调研

2.5.1 产品造型设计趋势分析

对“天猫”在销的“儿童餐椅”进行检索，选取了三十多个具有代表性样本，对国内外多家儿童餐椅现有产品造型进行分析，筛选样本，划分了不同的风格趋势，更直观地对现有产品进行分析，如图2-18所示。

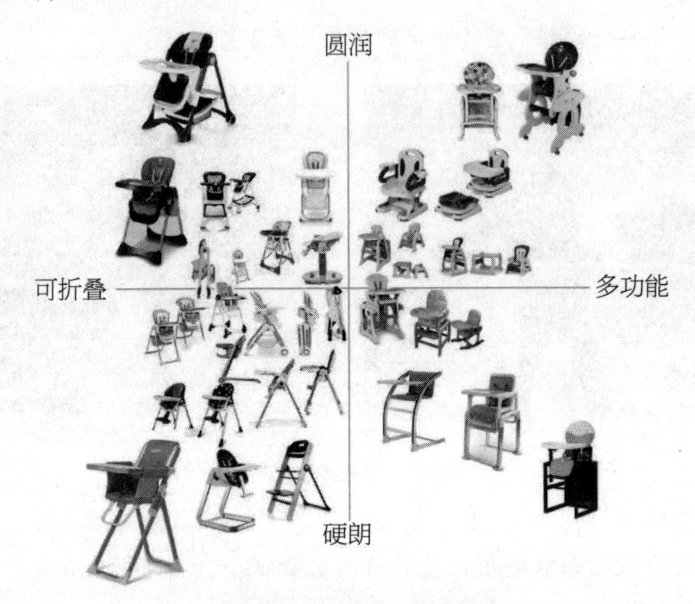

图2-18　儿童餐椅风格导向图

儿童餐椅多集中在第一、第二和第三象限，造型设计大多还是偏向于可折叠的硬朗和圆润风格。

儿童餐椅外观设计以简洁的造型为主，适当增加造型细节可以增加产品的精致感，我们在设计的过程中，要不断参考市面上这些产品造型规律的变化方式，在深入了解功能、制造加工方式、工艺的基础上来综合地运用造型规律。

2.5.2 产品色彩规律分析

对于儿童餐椅的色彩分析，我们可以借助“色彩和色调系统”（Hue&Tone System）来做具体分析（图2-19）。通过随机抽样的方式对47款儿童餐椅进行统计分析，绘制儿童餐椅色彩形象坐标分析图（图2-20）。配色较多地集中在WARM&SOFT和COOL&SOFT区间，这些颜色多以高明度和低纯度为主，较为鲜艳。

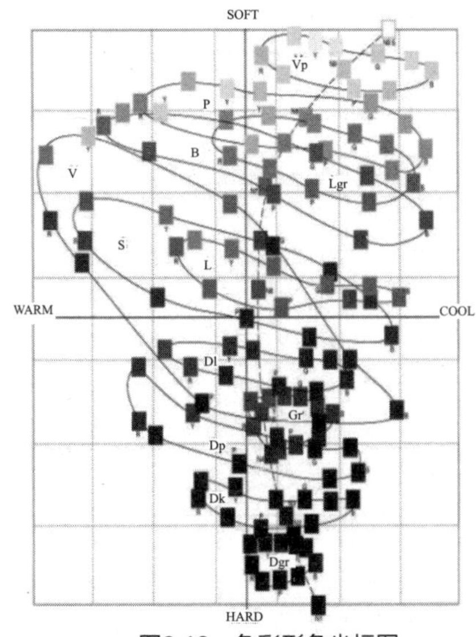

图2-19 色彩形象坐标图

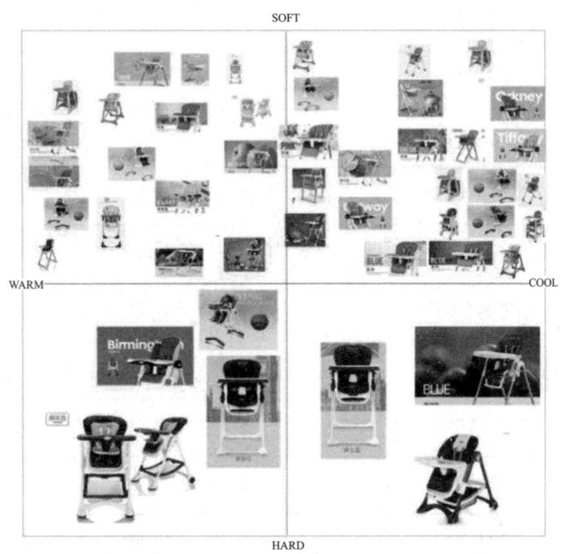

图2-20 儿童餐椅色彩形象坐标分析图

2.6 产品标准调研

从2012年08月01日起，中国首部儿童家具国家标准GB 28007—2011《儿童家具通用技术条件》正式实施。该标准要求儿童家具要满足包括有毒有害物质限量和使用安全警示标识等九部分强制规定。儿童餐椅的规范性引用文件如表2-8所示。

表2-8 儿童餐椅的规范性引用文件

标准标号	标准名称
GB 6675—2003	国家玩具安全技术规范
GB/T 2828.1—2003	计数抽样检查程序 第1部分：按接收质量限（AQL）检索的逐批检验抽样计划
GB/T 2829—2002	周期检查计数抽样程序及抽样表（适用于生产过程稳定性的检查）
GB/T 3920	纺织品 色牢度试验 耐摩擦色牢度
GB/T 4893.2	家具表面耐湿热测定法
GB/T 4893.3	家具表面漆膜干热测定法

续表

标准标号	标准名称
GB/T 4893.8	家具表面漆膜耐磨性测定法
GB/T 4893.9	家具表面漆膜抗冲击测定法
GB/T 6669—2008	软质泡沫聚合材料　压缩永久变形的测定
GB/T 6739	色漆和清漆　铅笔法测定漆膜硬度
GB/T 7573	纺织品　水萃取液pH值的测定
GB/T 10357.2	家具力学性能试验　椅凳类稳定性
GB/T 10357.3	家具力学性能试验　椅凳类强度和耐久性
GB/T 19941	皮革和毛皮　化学实验　甲醛含量的测定
GB/T 22048	玩具及儿童用品　聚氯乙烯塑料中邻苯二甲酸酯增塑剂的测定

2.7 产品定位

产品定位的目的就在于促使产品以市场为导向，而不是以产品为导向，根据即时市场或潜在需求进行定位。通过对企业及市场现有产品造型进行调研分析，总结存在的优缺点，并结合儿童餐椅及其周边相关产品、市场需求及企业品牌形象，进行有针对性的设计分析，总结出以下设计方向：

① 外观造型简洁合理；

② 突出企业形象及品牌文化特征；

③ 符合人机适应性及安全舒适性；

④ 对功能部件进行模块化设计；

⑤ 增强现有产品环境适应性；

⑥ 通过合理增加产品功能性来延长产品使用寿命。

第三章　产品方案设计

按照产品系统设计流程，以“三三三”的设计管理方式进行层次推进设计工作，结合产品功能、结构、材料、人机、形态、用户需求等六个产品设计要素，从产品概念到手绘表现、最终设计定稿及设计工作的完成。

3.1 一期方案设计

一期草图阶段主要以头脑风暴的方式展开，不限制团队成员的设计发散方向，可以是夸张的或概念性的设计意向，目的是寻找出不同方向及风格的设计构思。此阶段较多的包容设计成员的个性发展，能有效地锻炼设计团队的发散思维能力。

为方便设计管理及方案评选，在此阶段的设计表现形式较为固定，以轴测大致60度视角的草绘模板进行草图绘制，该视角可以较好地体现儿童餐椅产品特征，宜于展示产品细节及设计者的设计构思，同时也为评审的标准型提供了便利（图3-1、图3-2）。

3.2 二期方案设计

在一期草图的基础上，中期设计方案更多地从可行性的角度出发，结合造型调研结果及其相关产品的造型风格特征，以更加理性、辩证的思维在一期设计方案的基础上完善产品造型、功能及结构，进一步明确产品造型方向，综合考虑产品制造可行性、设计美观性、使用安全性及环境适应性等要素（图3-3）。

图3-1　整体造型方案列举

图3-2　局部造型细节列举

图3-3　二期方案草图

3.3 三期方案设计

经过前面两轮的方案设计工作及综合评审，最终选出了三款具有代表性的造型设计方案。

方案一（图3-4），以简洁圆润的线条为主，主支撑结构采用圆形钢管，支撑辅助结构采用圆形钢管弯曲工艺，呈现弧形造型，与柱支撑的直线结构形成对比。连接件部分结构使用注塑工艺，座椅为一体式设计，具有很好的包裹性。餐盘模块采用整体式设计，配合餐盘支撑结构连接使用，方便拆卸。

方案二（图3-5），主支撑结构同样采用钢管型材，配合注塑结构件形成整体框架，从侧面看采用三角支撑结构，给人很好的稳定感。座椅采用一体式设计，具有良好的包裹性，同时和主框架有较好的连接性。交叉式框架结构对于折叠的要求较容易实现，同时也减少了零部件的数量，可有效减少生产及管理成本。

方案三（图3-6），采用“人”字形结构设计，三角支撑结构，稳定性强。柱支撑结构件采用铝合金型材挤出工艺，有较强的可定制性，可以根据结构及造型需求结合加工工艺要求进行定制设计。考虑到产品功能性衍生设计，整体造型风格偏硬朗，这有利于后期产品的保养及维护。座椅采用座面模块和靠背模块分离的设计，角度调节较为灵活。同时增加了储物篮功能，可有效帮助父母收纳育婴及生活用品。

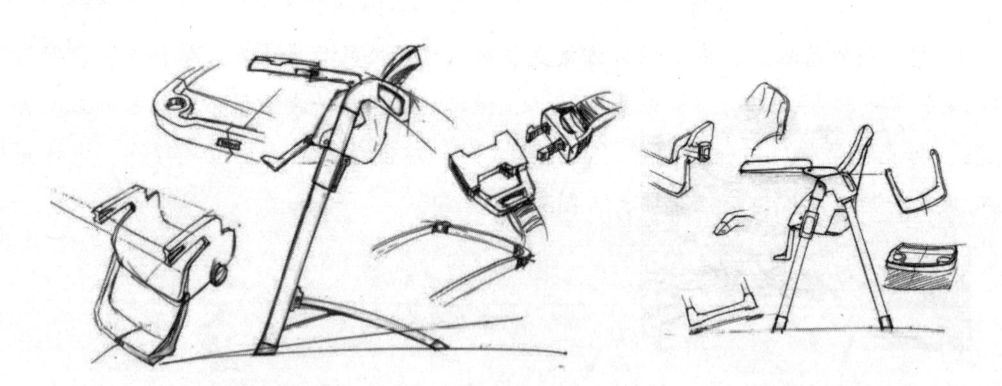

图3-4 方案一　　图3-5 方案二

综合各因素，最终选定方案为方案三。从结构上来看采用“人”字形方案的结构设计，起到三角支撑的作用；从稳定性及后期功能拓展性上来看，其结构设计稳定性更强，结构更容易拓展。材料上主支撑结构件采用铝合金型材挤出工艺，造型上有较强的可定制性，可以根据结构及造型需求结合加工工艺要求进行定制设计。考虑到产品功能性衍生设计，整体造型风格偏硬朗，这有利于后期产品的保养及维护。座椅采用座面模块和靠背模

块分离的设计，角度调节较为灵活，有利于后期功能拓展模块的组合。带有储物篮功能，可有效帮助父母收纳育婴及生活用品（图3-6）。

利用Keyshot 5.0软件对产品最终效果图进行制作，并在Photoshop中对其进行适当修饰，使产品效果图最大限度地接近真实产品（图3-7）。

图3-6 方案三

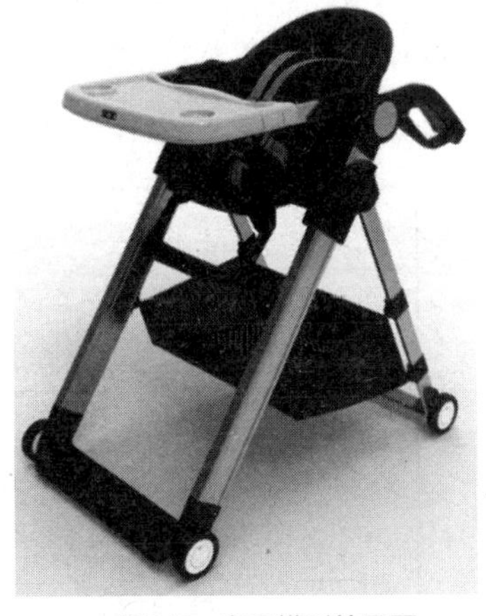

图3-7 产品模型效果图

第四章　产品结构设计

4.1 产品结构总览

产品三视图、产品总装图及关键零部件工程图见图4-1～图4-4。

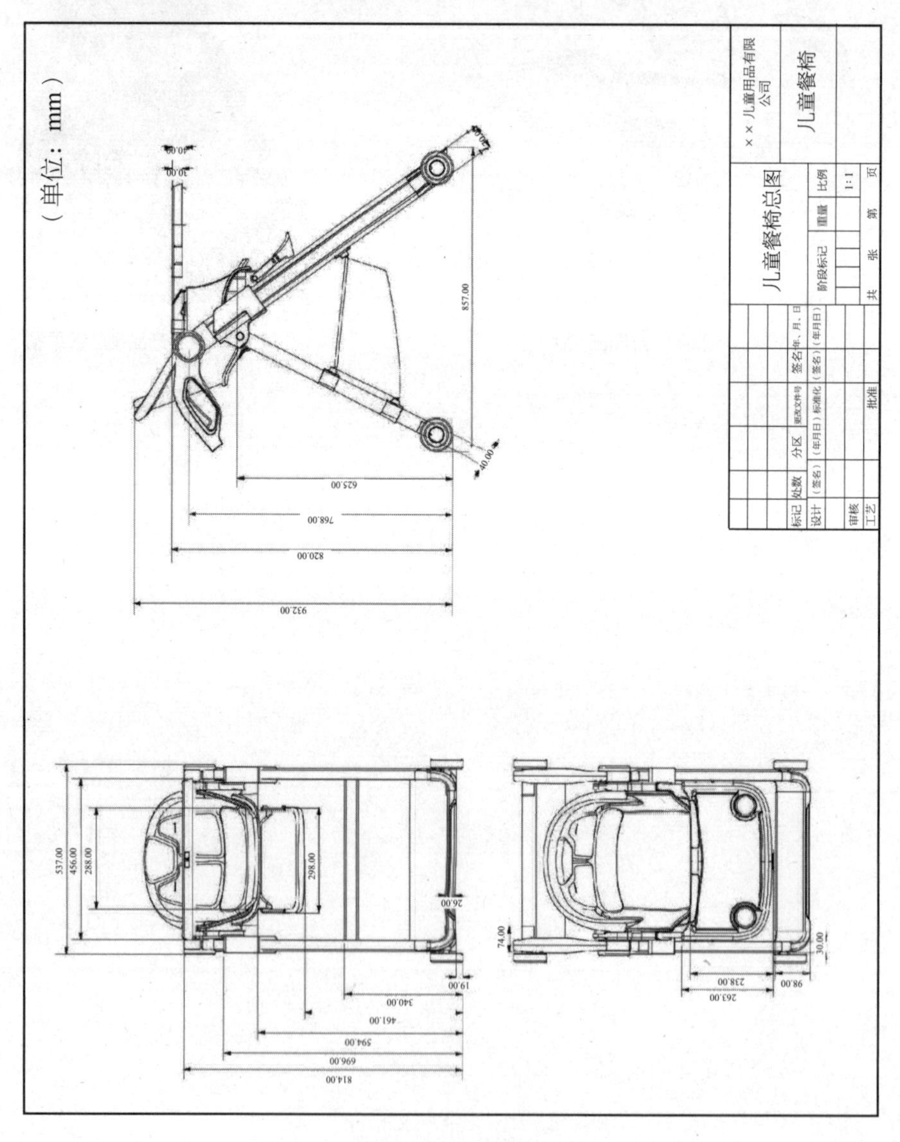

图4-1　产品三视图

附

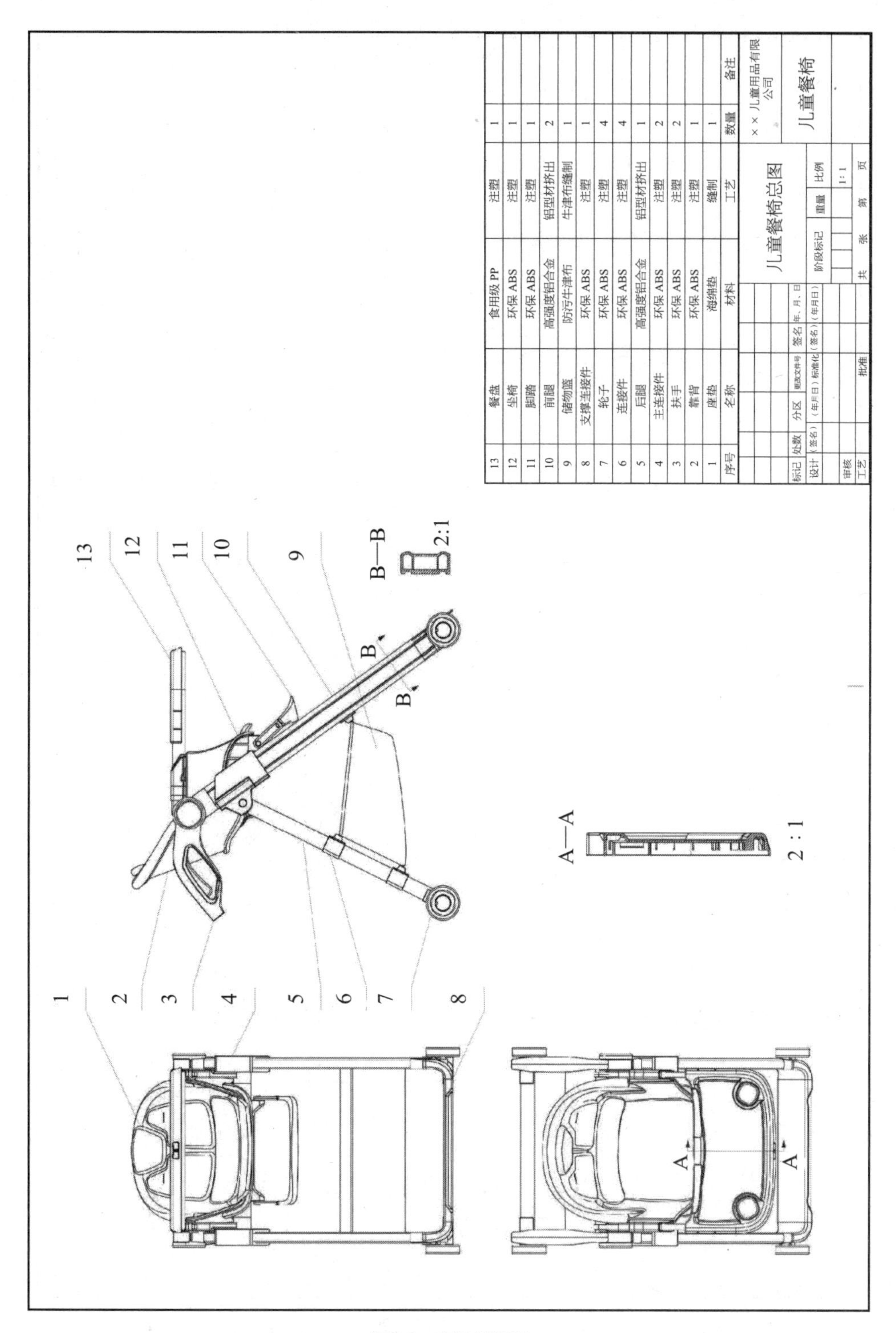
1
2
3
4
5
6
7
8
9
10
11
12
13
B—B
2:1
A—A
2:1
序号 名称 材料 工艺 数量 备注
13 餐盘 食用级 PP 注塑 1
12 坐椅 环保 ABS 注塑 1
11 脚踏 环保 ABS 注塑 1
10 前腿 高强度铝合金 铝型材挤出 2
9 储物篮 防污牛津布 牛津布缝制 1
8 支撑连接件 环保 ABS 注塑 1
7 轮子 环保 ABS 注塑 4
6 连接件 环保 ABS 注塑 4
5 后腿 高强度铝合金 铝型材挤出 1
4 主连接件 环保 ABS 注塑 2
3 扶手 环保 ABS 注塑 2
2 靠背 环保 ABS 注塑 1
1 座垫 海绵垫 缝制 1
××儿童用品有限公司
儿童餐椅总图
儿童餐椅
标记 处数 分区 更改文件号 签名 年、月、日
设计 审核 工艺 批准
阶段标记 重量 比例
1:1
共 张 第 页

图4-2 产品总装图

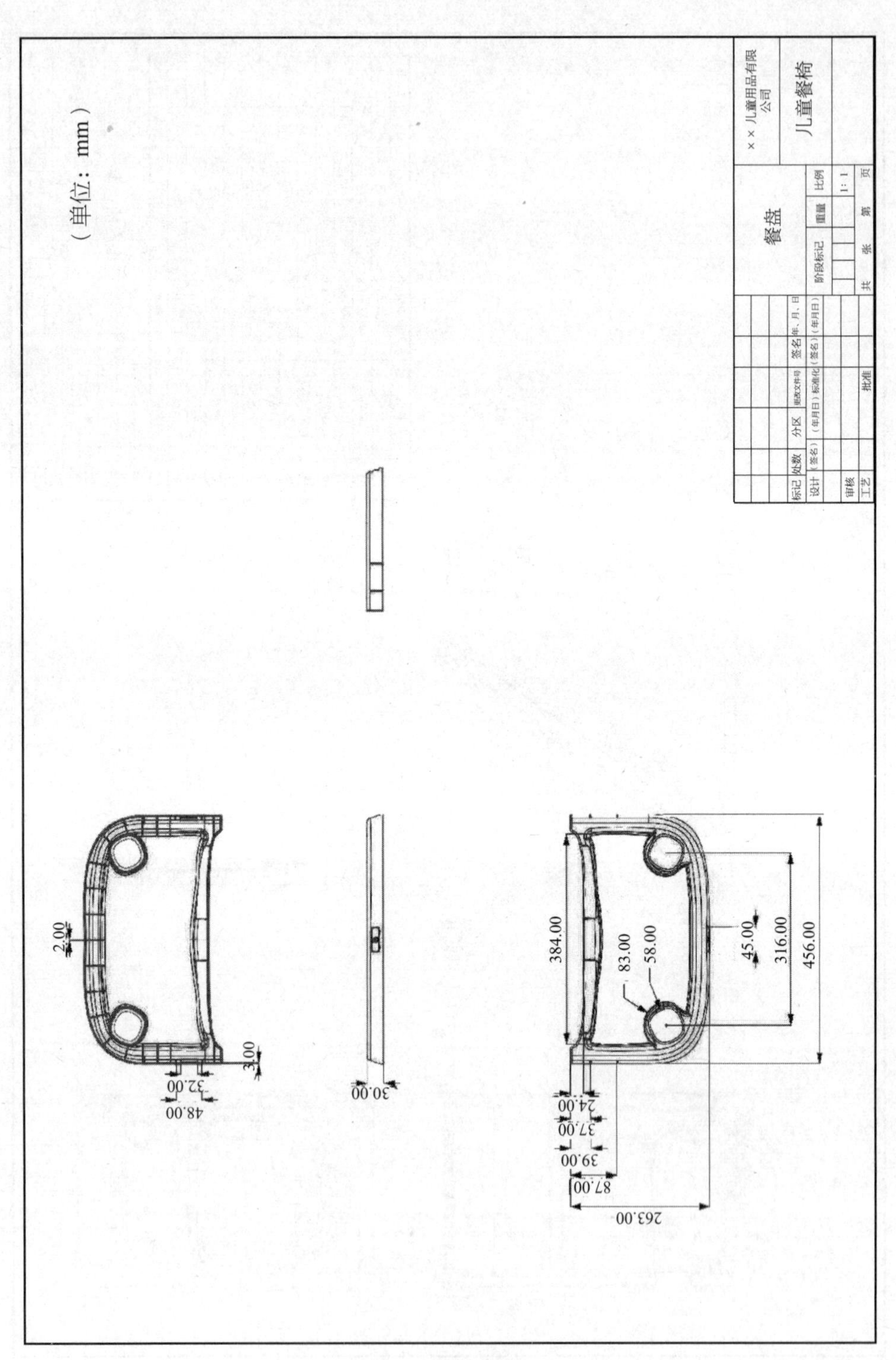
（单位：mm）
××儿童用品有限公司
儿童餐椅
餐盘
标记 处数 分区 更改文件号 签名 年、月、日
设计（签名）（年月日）标准化（签名）（年月日）
阶段标记 重量 比例
1:1
审核
工艺 批准
共 张 第 页
2.00
3.00
32.00
48.00
30.00
384.00
83.00
58.00
45.00
316.00
456.00
24.00
37.00
39.00
87.00
263.00

图4-3 餐盘工程图

附

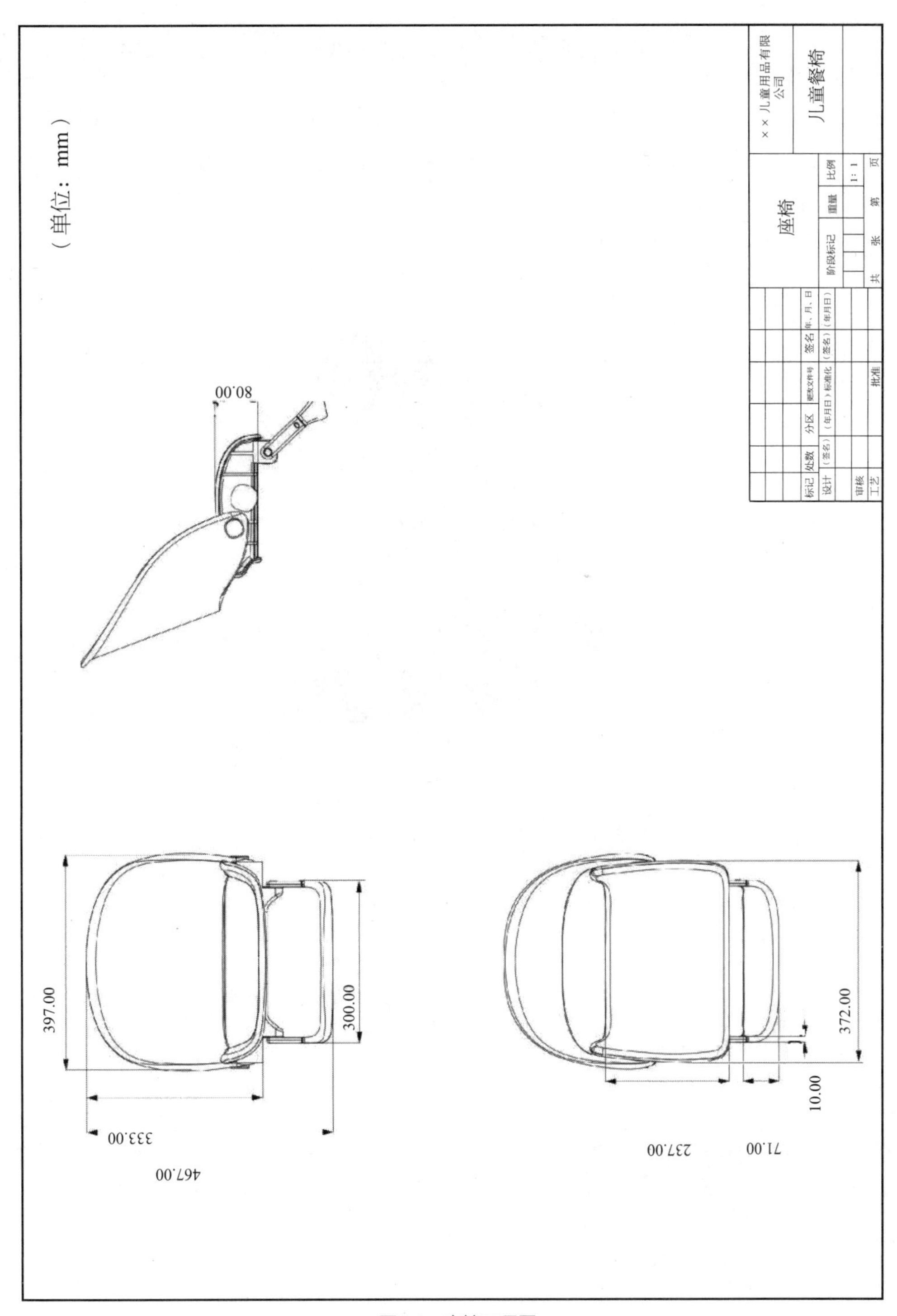
（单位：mm）
80.00
397.00
300.00
333.00
467.00
372.00
10.00
237.00
71.00
××儿童用品有限公司
儿童餐椅
座椅
标记
处数
分区
更改文件号
签名
年、月、日
设计
标准化
阶段标记
重量
比例
1:1
审核
工艺
批准
共
张
第
页

图4-4　座椅工程图

4.2 组成部件结构分析

儿童餐椅的主要结构模块包括座椅、餐盘、扶手、安全带、脚轮等（图4-5）。其中，主结构框架的造型设计风格及结构设计对整个产品的设计风格起决定作用，也是影响产品折叠机构及座椅安全性的主要结构设计部分，因此，这部分的设计工作所占整体方案设计的比重较大。其余部分结构造型风格设计要和主题框架结构设计风格吻合。

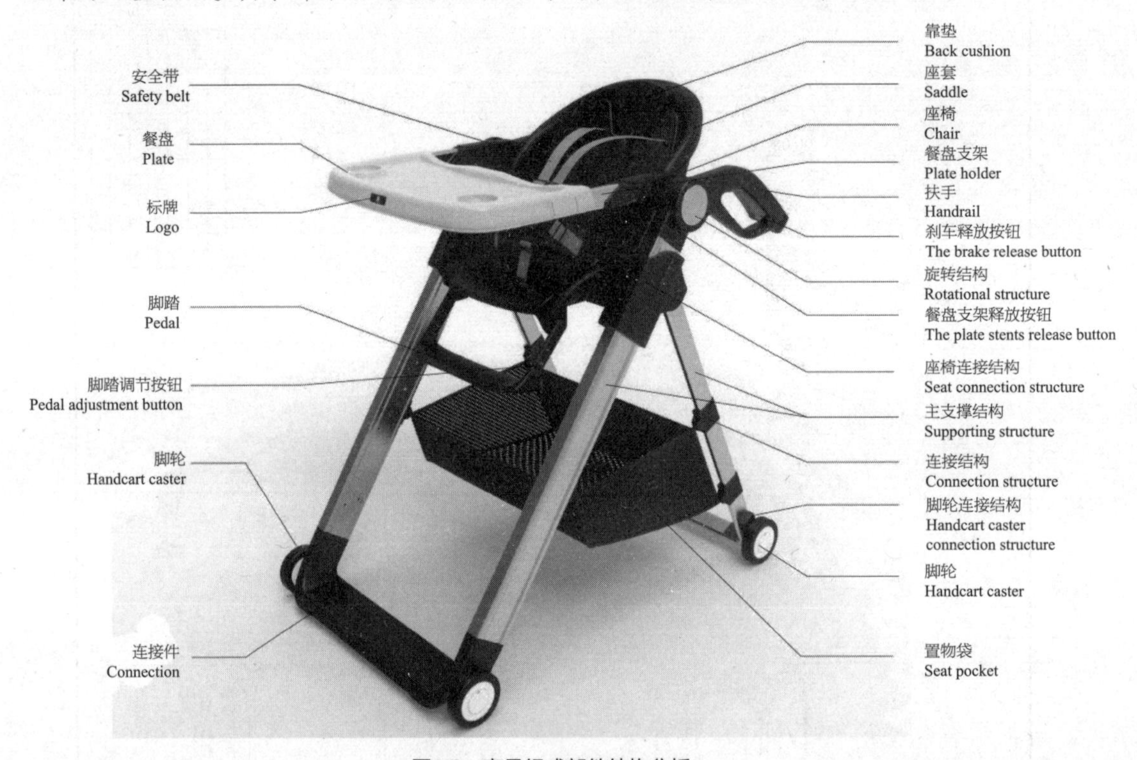

图4-5　产品组成部件结构分析

通过前期调研分析及产品设计定位，儿童餐椅的主要功能模块主要为：餐椅功能、玩具桌面、临时躺椅（或睡床）、折叠功能、临时推车等功能部分，衍生功能定位有座椅功能和折叠梯功能。

4.3 功能模块外观结构设计

4.3.1 餐盘及玩具桌面模块设计

餐盘及玩具桌面的模块化设计解决了儿童就餐及餐后娱乐之间的转换问题，当儿童需要就餐时，把C餐盘部分结构模块安装于对应的结构位置，就可以实现餐椅功能；当儿童就餐后需要娱乐，玩玩具时，可以将餐盘部分结构模块拆卸下来，将玩具桌面模块安装于对应的结构位置，就可以实现玩具桌功能（图4-6）。

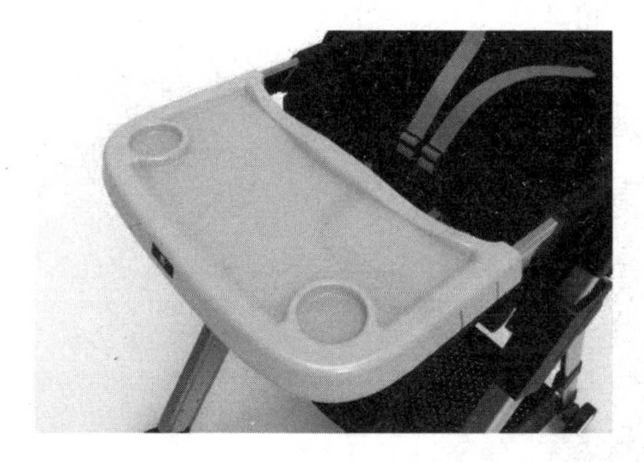

图4-6　餐盘及玩具桌面模块设计

4.3.2 脚垫及轮子模块设计

脚垫及轮子模块化设计的目的皆在解决餐椅固定使用及轻便移动的问题。当儿童餐椅的使用主要以固定环境为主，且对移动的方便程度没有要求时，可以选择使用脚垫结构；当儿童餐椅的使用环境相对容易发生变化，或需要经常外出携带时，可以选择使用轮子结构模块，必要时可以临时作为儿童推车使用，以减轻父母照顾孩子的辛苦（图4-7）。

图4-7　脚垫及轮子模块设计

4.3.3 扶手结构模块设计

考虑到用户对儿童餐椅便携性的需求，设计儿童餐椅时在功能性上增加了儿童餐椅的便携性、可移动性及可临时作为儿童推车的功能，因此对儿童餐椅增加用户扶手结构模块很有必要，在人机工程上也符合用户操作需求（图4-8）。

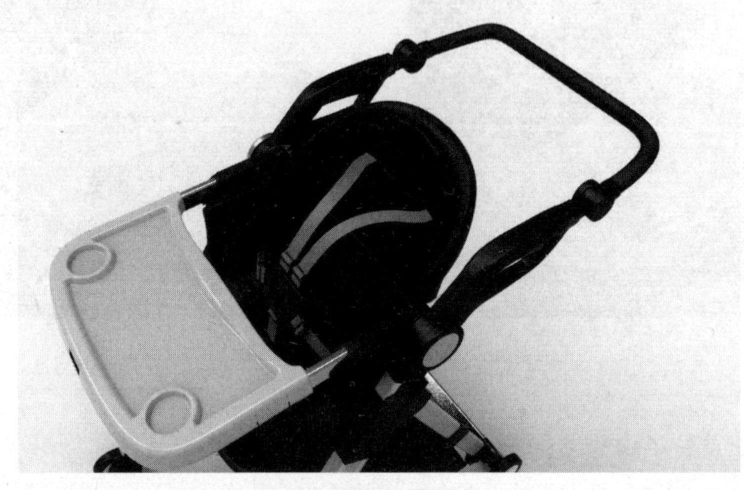

图4-8　扶手结构模块设计

4.3.4 折叠梯脚踏结构模块设计

在儿童餐椅衍生性功能上增加了折叠梯功能，因此需要对主结构部分增加折叠梯脚踏结构，以便于儿童餐椅衍生功能的实现（图4-9）。

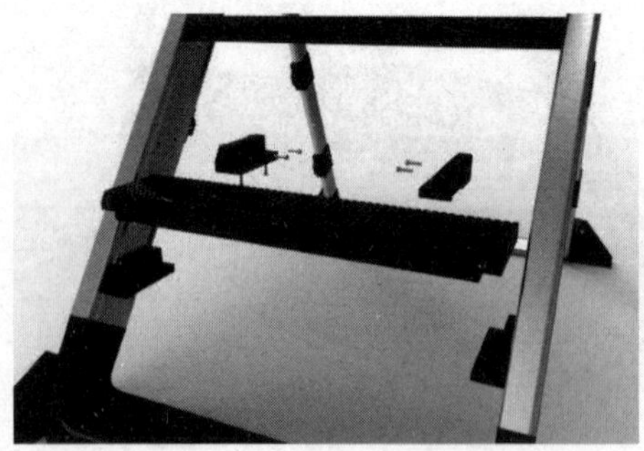

图4-9　折叠梯脚踏结构模块设计

第五章　色彩与标识设计

5.1 产品标识设计

本次设计的委托方为××儿童用品有限公司，该公司目前并无明确的产品标识，因此本次设计需要为该公司提供一个产品标识设计方案。标识设计应该要突出企业特色，体现企业价值，××儿童用品有限公司主要生产经营儿童家具用品，且产品多以型材和注塑为主，为体现企业特色及标识设计的简洁性，本标识设计以线条及色块为主，提取“JIANG LIN”拼音的首字母为设计元素，以大面积底色色块为衬托，并和“JIANG LIN”拼音一起构成最终标识设计方案（图5-1）。

PANTONE
2017 C
R 248　G173　B109
HTML F8AD6D

图5-1　产品标识设计

标识在产品中的摆放位置如图5-2所示。

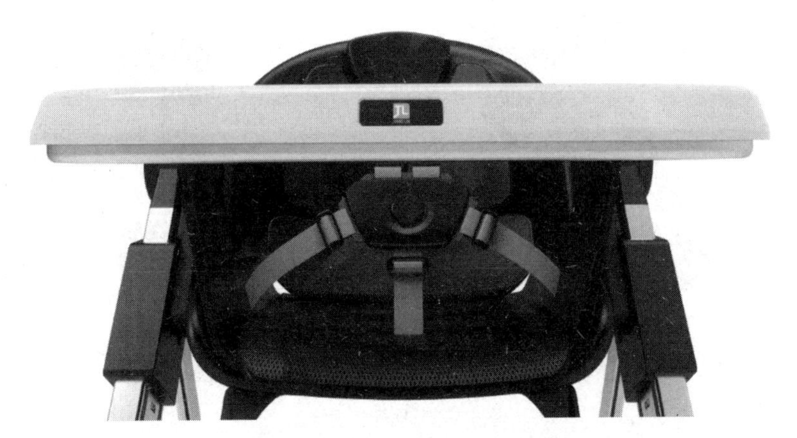

图5-2　产品标识在产品中的摆放位置

5.2 产品色彩设计

根据儿童餐椅概念设计阶段调研分析，儿童餐椅作为儿童和成人共同使用的特殊育婴产品，其色彩设计要同时兼顾这两个差别巨大的用户群体。从儿童的用户角度出发，儿童餐椅多选用低纯度、高明度的色彩；从成人用户群体考虑，部分儿童餐椅为了兼顾这类群体的色彩审美心理，会选用相对较为稳重的暗色系配色（图5-3～图5-7）。

低纯度、高明度的色彩，传达了儿童天真活泼的心理特征，给人以愉悦的心理感受；暗色系色彩传达了成人成熟稳重、产品坚固耐用的特征。根据产品考虑的用户侧重点不同，这两种差别较大的配色均可使用。

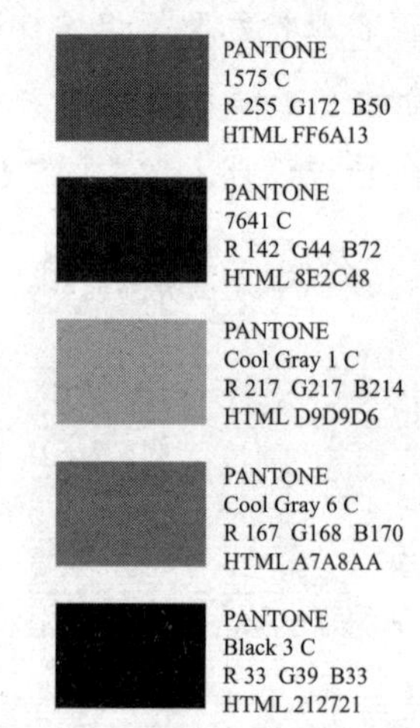

图5-3 产品配色设计1

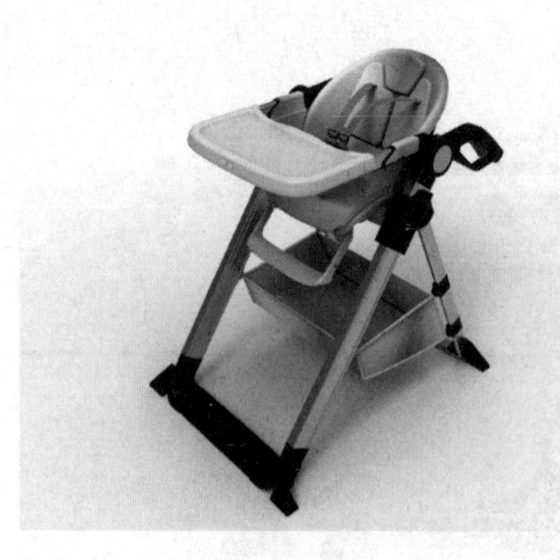

PANTONE
572 C
R 165 G223 B211
HTML A5DFD3

PANTONE
7641 C
R 142 G44 B72
HTML 8E2C48

PANTONE
Cool Gray 1 C
R 217 G217 B214
HTML D9D9D6

PANTONE
Cool Gray 6 C
R 167 G168 B170
HTML A7A8AA

PANTONE
Black 3 C
R 33 G39 B33
HTML 212721

图5-4 产品配色设计2

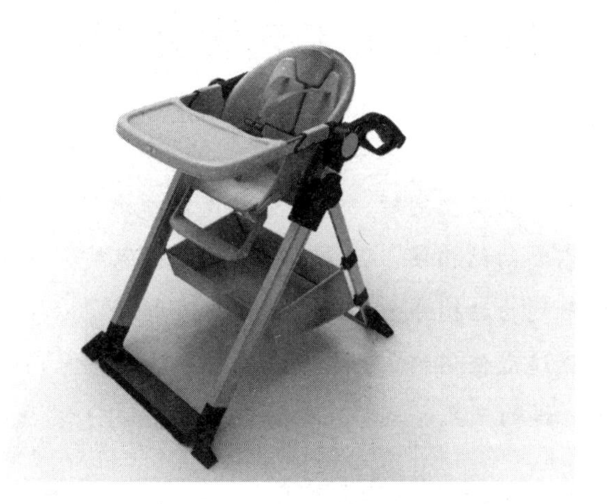

PANTONE
155 C
R 239 G209 B159
HTML EFD19F

PANTONE
7641 C
R 142 G44 B72
HTML 8E2C48

PANTONE
Cool Gray 1 C
R 217 G217 B214
HTML D9D9D6

PANTONE
Cool Gray 6 C
R 167 G168 B170
HTML A7A8AA

PANTONE
Black 3 C
R 33 G39 B33
HTML 212721

图5-5 产品配色设计3

PANTONE
2645 C
R 173 G150 B220
HTML AD96DC

PANTONE
7641 C
R 142 G44 B72
HTML 8E2C48

PANTONE
Cool Gray 1 C
R 217 G217 B214
HTML D9D9D6

PANTONE
Cool Gray 6 C
R 167 G168 B170
HTML A7A8AA

PANTONE
Black 3 C
R 33 G39 B33
HTML 212721

图5-6 产品配色设计4

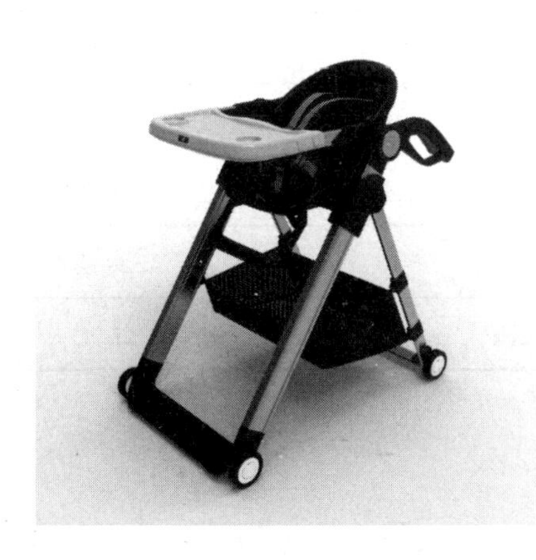

PANTONE
1225 C
R 255 G200 B69
HTML FFC845

PANTONE
7641 C
R 142 G44 B72
HTML 8E2C48

PANTONE
Cool Gray 1 C
R 217 G217 B214
HTML D9D9D6

PANTONE
Cool Gray 6 C
R 167 G168 B170
HTML A7A8AA

PANTONE
Black 3 C
R 33 G39 B33
HTML 212721

图5-7 产品配色设计5

第六章 材料与加工工艺设计

对儿童餐椅材料的选择要考虑到环保及安全问题，座椅主要支撑结构部分采用高强度铝合金，通过铝合金挤压工艺生产出需要的结构件，铝合金型材的表面做喷砂氧化处理；在塑料件部分，凡是涉及儿童容易接触到的结构件全部采用食用级PP材料，以保证儿童即使“啃食”这些产品部件也不会对健康造成任何伤害，其余塑料结构连接件采用环保级别ABS材料，以增强产品强度及耐用度。详细产品主要部件材料说明（表6-1）。

表6-1 儿童餐椅材料与加工工艺

序号	主要部件	成型材料	加工工艺
1	坐垫	海绵+防污牛津布	缝制
2	靠背	环保ABS	注塑
3	扶手×2	环保ABS	注塑
4	主连接件×2	环保ABS	注塑
5	后腿	高强度铝合金	铝型材挤出
6	连接件×4	环保ABS	注塑
7	轮子×4	环保ABS+橡胶	注塑
8	支撑连接件	环保ABS	注塑
9	储物篮	防污牛津布	牛津布缝制
10	前腿×2	高强度铝合金	铝型材挤出+氧化
11	脚踏	环保ABS	注塑
12	座椅	环保ABS	注塑
13	餐盘×2	食用级PP	注塑

注：表中序号和图30产品总装图中所标序号一一对应。

第七章 产品人机环境设计

7.1 适应户内使用的设计解决方案

7.1.1 室内固定使用

针对室内相对长期固定不动的使用环境，用户可以选用脚垫结构和儿童餐椅配套使用。儿童需要就餐时选用餐盘功能模块（图7-1），解决儿童就餐的问题；儿童需要玩玩具时，选用玩具桌功能模块，解决儿童玩玩具的问题（图7-2）；儿童需要睡眠时，可通过调节座椅靠背的角度来实现临时睡床的功能（图7-3）。

图7-1 餐盘功能图

图7-2 玩具桌功能图

图7-3 睡床功能

7.1.2 室内短距离移动、调节

针对此使用环境要求，用户可以选用轮子与儿童餐椅配套使用，以满足用户室内短距离移动、方位调节等需求（图7-4）。

图7-4 室内短距离移动、调节功能图

7.2 适应户外使用的设计解决方案

针对此使用环境要求，通过折叠结构设计，将儿童餐椅设计为可折叠儿童餐椅（图7-5）。

图7-5 折叠携带

7.3 适应多功能使用的设计解决方案

7.3.1 临时替代婴儿推车

针对此种情形的功能需求，可通将对座椅设计为可调节角度结构，选用轮子功能模块，增加儿童餐椅用户扶手的方式（图7-6），有效将儿童餐椅和婴儿推车部分功能相结合。

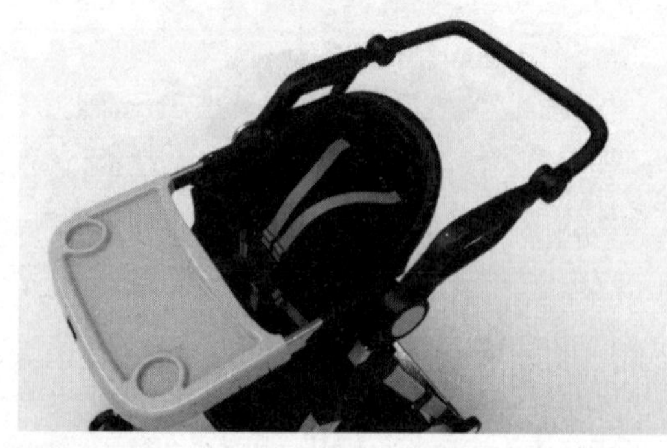

图7-6 替代婴儿推车

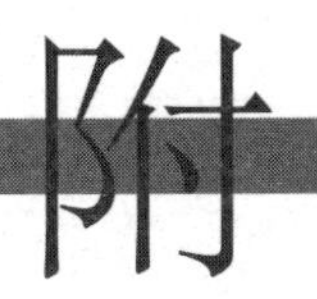

7.3.2 实现普通座椅功能

通过模块的增加或减少等不同的模块组合方式来实现儿童餐椅到普通座椅的功能转变，延长产品使用寿命（图7-7）。

7.3.3 实现折叠梯功能

通过脚踏模块的增加和减少不需要的功能模块，新的功能模块的组合实现儿童餐椅到普通折叠梯的功能转变，在儿童长大后不需要餐椅功能的时候可以作为临时折叠梯使用，有效延长产品使用寿命（图7-8）。

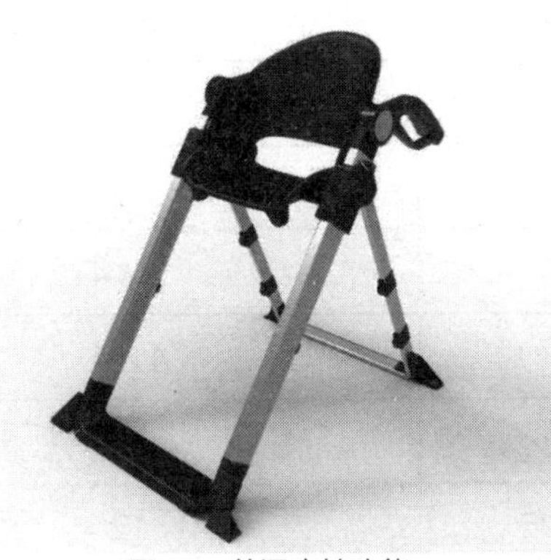

图7-7 普通座椅功能

图7-8 折叠梯功能

第八章　方案成本预算

表8-1　儿童餐椅成本预算

序号	主要部件	成型材料	预计零件价格/元
1	坐垫	海绵+防污牛津布	20
2	靠背	环保ABS	15
3	扶手×2	环保ABS	15×2
4	主连接件×2	环保ABS	15×2
5	后腿	高强度铝合金	30
6	连接件×4	环保ABS	2×4
7	轮子×4	环保ABS+橡胶	4×4
8	支撑连接件	环保ABS	15
9	储物篮	防污牛津布	12
10	前腿×2	高强度铝合金	40×2
11	脚踏	环保ABS	8
12	座椅	环保ABS	15
13	餐盘×2	食用级PP	15×2
其余附件			20
总计			329

从表8-1统计得出，该款儿童餐椅的总零件成本约为329元，可估算出它的生产成本。

$$生产成本=329\div70\%=470（元）$$

产品价格导出

$$价格=470\times（1+0.05）\div（1-0.16）=587.5（元）$$

考虑设计创新的附加价值、企业品牌效应、预期效益等因素，将产品定位为中高端儿童餐椅，最终零售价定为600元/张。

由于零件零售价格高于批发价格，若进行大批量生产，则单件产品的成本还将会有大幅降低。

第九章　产品设计展示

计算机表现为产品草图方案的真实性提供了展示媒介，使得产品方案设计可以较为完整、逼真地展现。造型设计结束后，运用计算机三维设计软件将草图方案外观造型、内部结构、材质以及色彩等要素更加准确地表现出来，形成最终效果图（图9-1、图9-2）。

图9-1　方案效果图

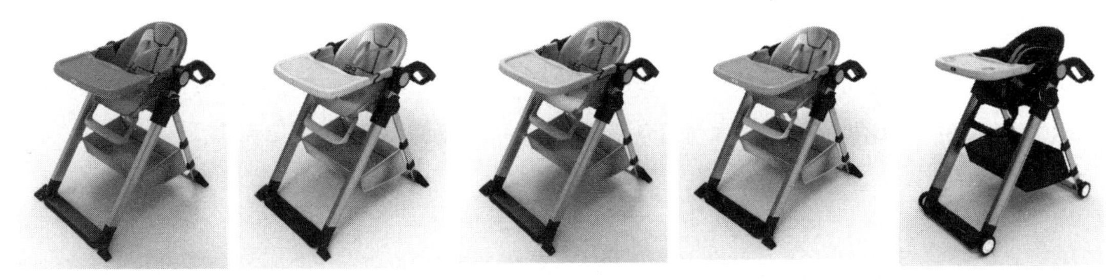

图9-2　多种色彩方案效果图

结语

儿童是祖国的未来，儿童的健康发展不仅关系到其自身以后的发展，还会对家庭及身边的环境有很大影响。儿童餐椅作为儿童较早接触到的使用工具之一，对儿童某些习惯的养成起到了“启蒙”的作用，也会对儿童形成一定潜移默化的影响。作为设计师，能够为用户提供一款优秀的产品是每个设计师心中梦想与自豪。

1. 创新点

将模块化设计理论引入儿童餐椅造型设计中，以产品系统设计理论为基础，结合产品系统设计方法，对儿童餐椅造型设计进行研究，对儿童餐椅功能模块进行模块化设计研究，综合考虑儿童餐椅外观造型、色彩、环境适应性等设计元素理论与实际的结合，提出了一套针对儿童餐椅全生命周期的解决方案。

2. 不足之处

① 模块化设计理论应用于儿童餐椅设计研究并不成熟，将儿童餐椅功能模块作为产品模块化设计的切入点，并试图通过功能模块的设计来解决儿童餐椅全生命周期的问题，经验尚不成熟，存在很多问题，还需在更多的设计实践中不断检验总结经验。

② 环境适应性解决方案在结构设计及设计流程上还需要实际检验优化。